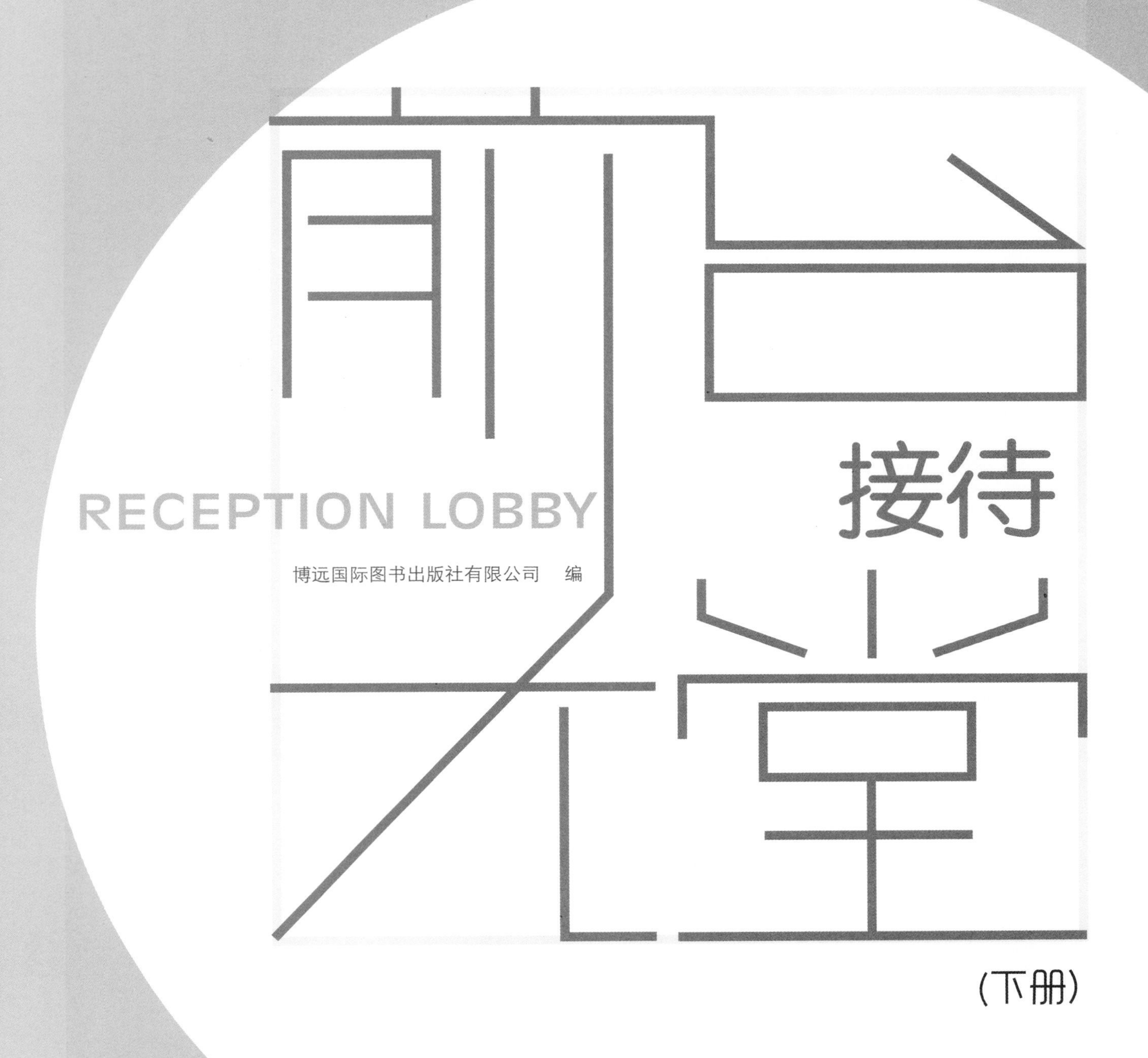

前台接待大堂

RECEPTION LOBBY

（下册）

博远国际图书出版社有限公司　编

天津大学出版社
TIANJIN UNIVERSITY PRESS

目录

售楼处会所

商业

商业

售楼处
会所

首富售楼中心

设 计 师：张顺云 陈致宏 吕科翰
项目地址：中国台湾
空间面积：全区 2 322 平方米
建筑 / 室内面积：818 平方米
摄　　影：游宏祥

对中国人而言，“水”象征着财富，而“书”则象征智慧。

外观上大气的镂空图案彰显着水的灵动；参差的琥珀色亚克力管构成的天花板延伸、呈现出水的动能和富饶。空间以装置艺术取代传统装修，一万多本定制的书本排列成世界各地首富的形象，以艺术手法传达出“购屋者如首富们般具有智慧及远见”的商业内涵。整体造型营造出创新、睿智的人文氛围。

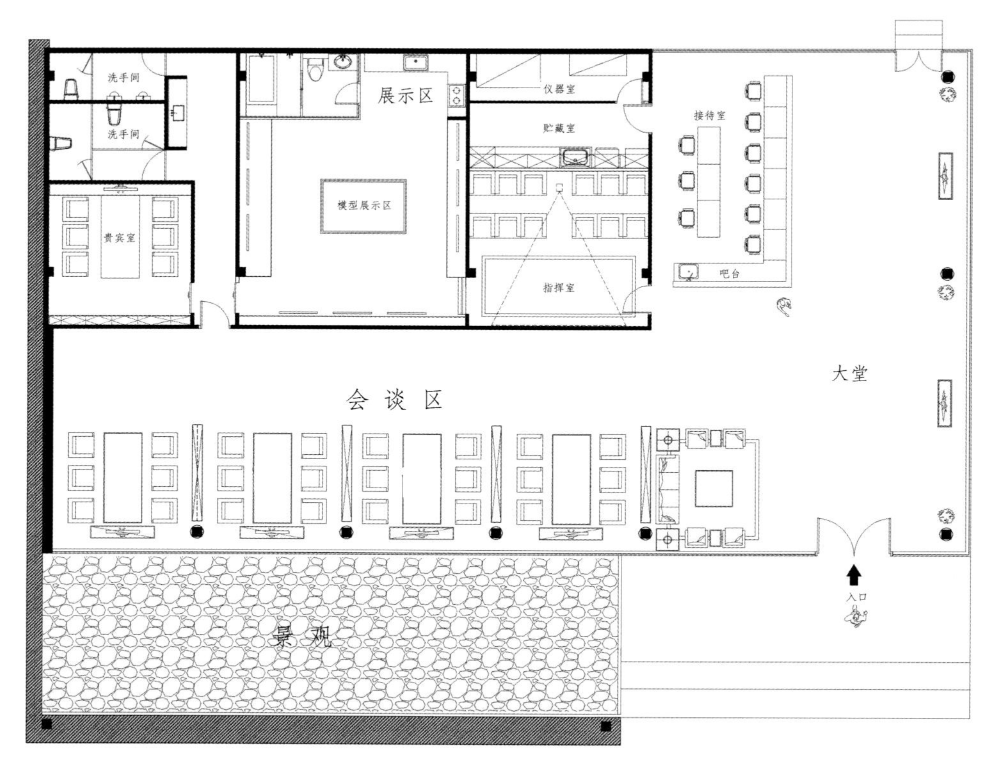

尚城国际销售中心

设计机构：广州道胜装饰设计有限公司
设 计 师：何永明
项目地址：广东肇庆
项目面积：508 平方米

方案每个设计点的灵感都来自于“山水”。一进门就看到天花板上延绵起伏的小山丘，设计师运用白色的线帘在平坦的天花板上创造出了一片高低错落、大小不一的山地。墙身由“山水”的象形文字拼贴而成，一条条木条拼出的不仅是丰富空间的山水文字，更拼出了中国古代的传统文化，这些文化的客观存在折射出和谐朴素的人文情怀。

整个销售中心都是纯粹的白色，白色的墙体、白色的天花、白色的地面，设计师就是以这种现代超然的手法来体现传统的山水文化。在装饰上搭配了热情的红色，一片白色纯净的空间中点缀这点点的火红，在平静中带点刺激，让人眼前一亮。或许有人会认为过多的白色会使得空间单调，事实上，这是设计师把设计融入人和生活的一种手法，当不同种族、不同着装的人进入到这个空间，就在无形中丰富了空间的色彩。

尚城国际
MORE REMARKABLE

合肥建业时光原著售楼处

设计机构：萧氏设计
设 计 师：萧爱彬
配合设计：王立兰
软装设计：郭丽丽
配合设计：顾杲
施　　工：上海萧视设计装饰有限公司
项目地址：安徽合肥
项目面积：750 平方米
摄　　影：萧爱华

售楼处分为上下两层，一层为销售大厅，主要功能分为前厅接待区、销控区、模型展示区、洽谈区、水吧区以及开敞 VIP 区域。二层为办公区域，主要功能分为会议室、影音室、销控办公等等。

该案的设计风格是经过改良的新古典主义风格。一方面保留了材质、色彩的大致风格，另一方面使人能强烈地感受到传统的历史痕迹与浑厚的文化底蕴，同时又摒弃了过于复杂的机理和装饰，简化了线条。

新古典主义的灯具将古典的繁杂雕饰简化，并与现代的材质相结合，呈现出古典而简约的新风貌，是一种多元化的思考方式。将怀古的浪漫情怀与现代人对生活的需求相结合，兼容华贵典雅与时尚现代，反映出后工业时代个性化的美学观念和文化品位。从简单到繁杂，从整体到局部，精雕细琢，镶花刻金，都给人一丝不苟的印象。览尽所有设计思想、所有设计风格，无外乎是对生活的一种态度而已。

售楼处作为整个楼盘销售的重要组成部分，它承载着楼盘形象、客户体验、销售完成的功能，应该呈现的是一个设计感十足但内在功能高度集中的场所。因此，在本设计中不但做到了区别于当前过于强调售楼性质的售楼场所的大部分案例，而更加把其定位在售楼部与休闲场所相结合的“两用型”来进行考虑，更加体现出房地产商的品位。

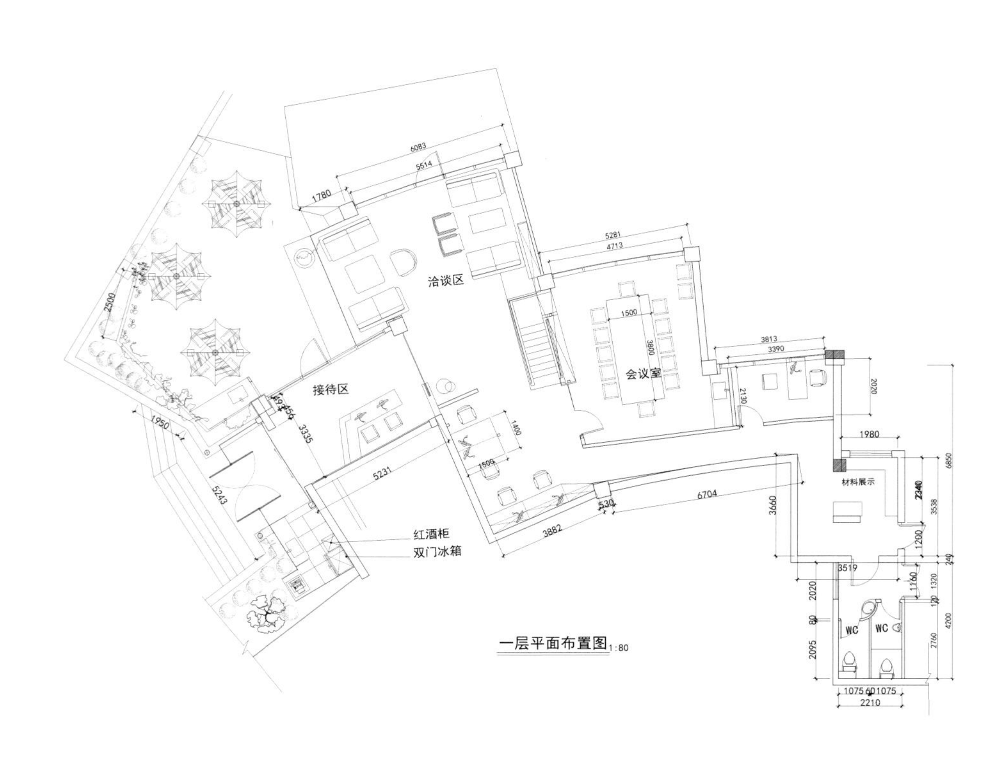

一层平面布置图 1:80

建业·时光原著
ORIGINAL

春秋茶楼

设计机构：大石代设计咨询有限公司
主设计师：张迎辉
客　　户：军创国际春秋茶楼
项目地址：河北石家庄
项目面积：700 平方米
摄　　影：张迎辉

春秋茶楼位于闹市区军创大厦的四层，建筑现状给茶楼氛围的营造出了一个难题。反其道而行之，过滤嘈杂的闹市，浮出僻静的“小院”，以院落概念营造茶文化氛围，与大厦和闹市形成了一个鲜明的对比，让繁忙的都市人在嘈杂的闹市内，有了一个在僻静“小院”中偷闲的机会。

茶楼以“三进院”演绎着中国传统民居的建筑构局，散发着茶的芳香，院中有“房”，“房”内有“屋”，“房”与“房”错落有致，围合着三个情节小院：“一院”门海，“二院”戏台，“三院”枯山水。一步一景，一院一情节。现代手法的大红吊灯是院里的主角，给屋外的灰砖墙添了几分亲切与柔和，角落里的绿植让空间更显自然，让“院”中人忘却闹市，沉浸在茶文化和东方建筑精神的回忆之中。

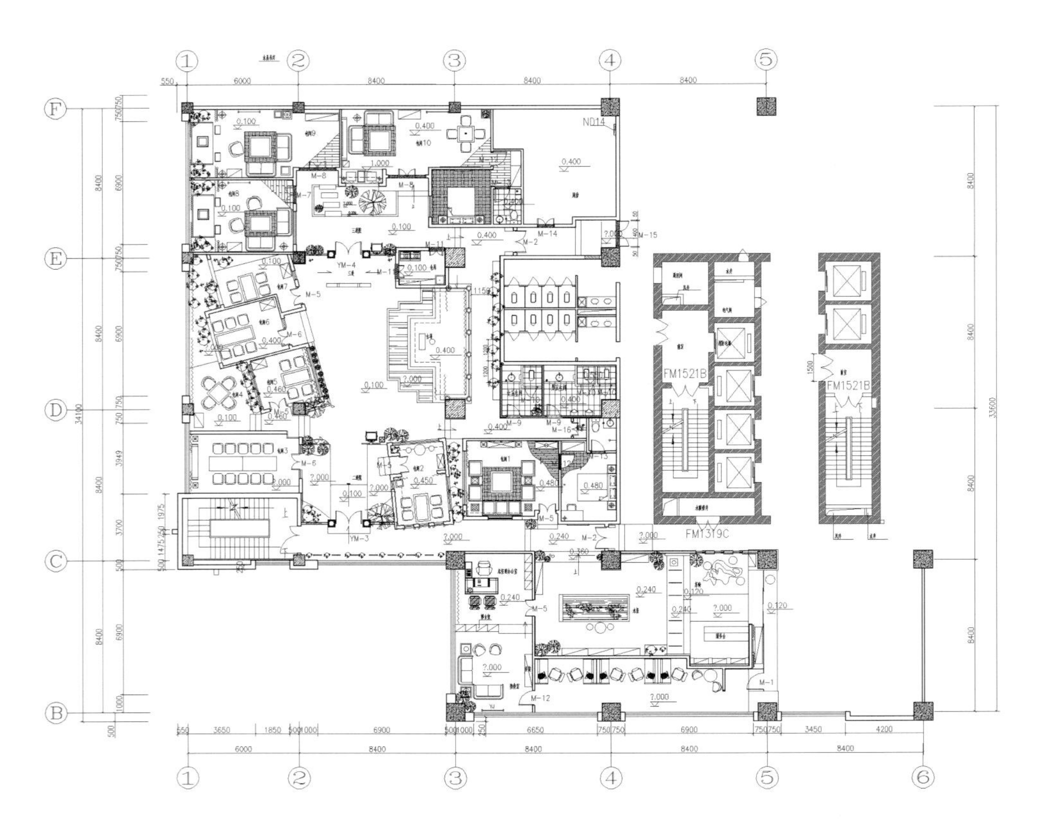

春秋茶楼

太子馥接待中心

主设计师：张佑铨
设计团队：吴敏菁　吴元祯　林义杰

从舞动的白盒子，穿过空气层进入木盒子，开始走进室内属于“时空”的空间，建筑内部藉由曲线与时空的对话，走在空间中彷彿走进了时空的河流。视觉的光影顺流而下，汇集指向建筑外观的窗户，象征着光的引导，带领人们迎向光明；而停留时间较久的讨论空间，设计师采用触感舒适的木材，并注重每一个小空间的细节，将开窗放到最大，复层建筑的附加价值由此体现。半遮掩的冲孔钢板，挡住了强烈阳光的直射，留下的人与自然亲密接触的视觉享受，阳光、空气、木材，设计师用简单的几何演绎不同元素间的极致触感。

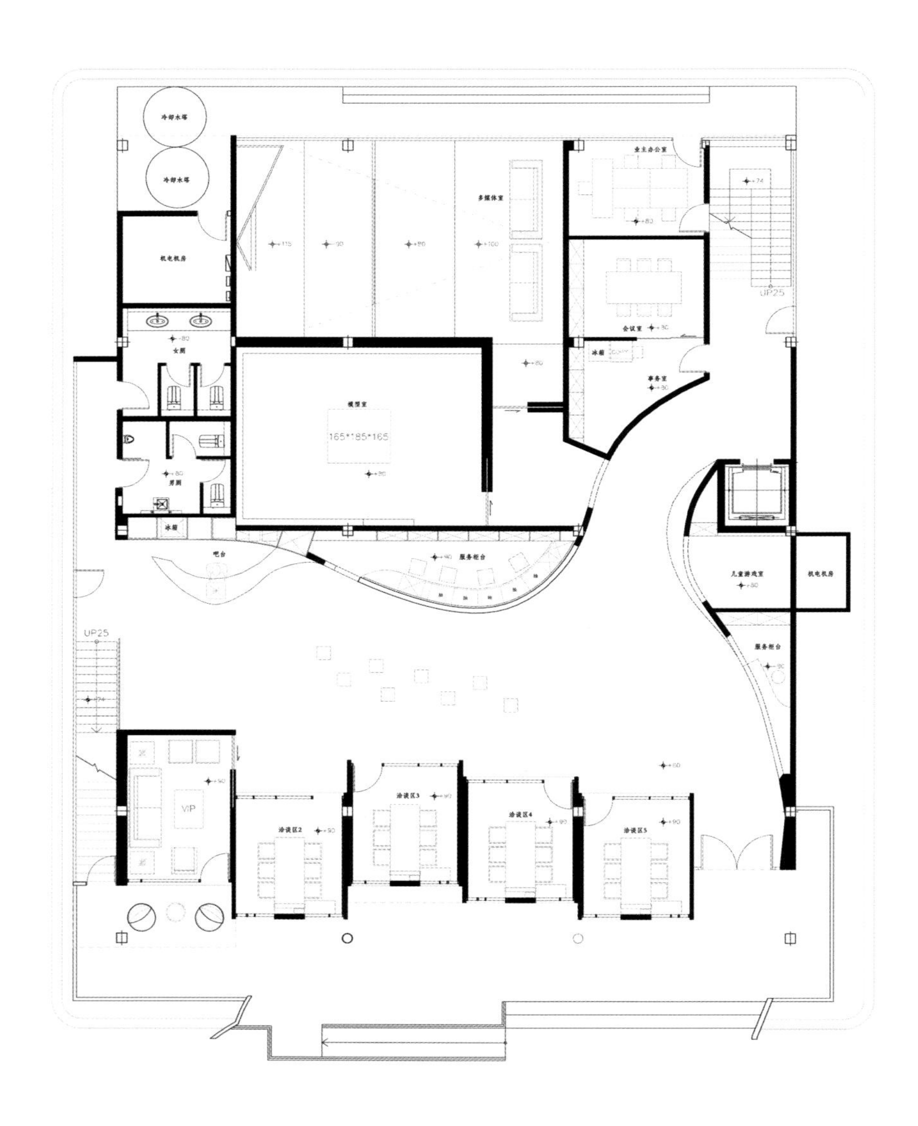

太子馥
WEALTH OF WISDOM

北京御汤山别墅 SPA 会所

设计机构：深圳市盘石室内设计有限公司 吴文粒设计事务所
设 计 师：吴文粒
项目地址：北京昌平
项目面积：1 200 平方米

进入会所，会所内奢华的纯欧式风格会令人一下子沉静下来，超大空间只为让人感受专享服务。本案设计师运用欧式加中式的会所设计，使居室看上去不仅豪华大气，更令人感觉惬意浪漫。精益求精的细节处理，带给顾客的是无穷无尽的触感享受。欧式 SPA 会所的设计风格最适用于大面积的空间。若空间太小，不但无法展现其风格气势，反而对来这里做 SPA 的顾客造成一种压迫感。会所的照明设计采用反射式灯光照明和局部灯光照明，置身其中，舒适、温馨的感觉迎面袭来，为被尘嚣所困的心灵找到归宿。

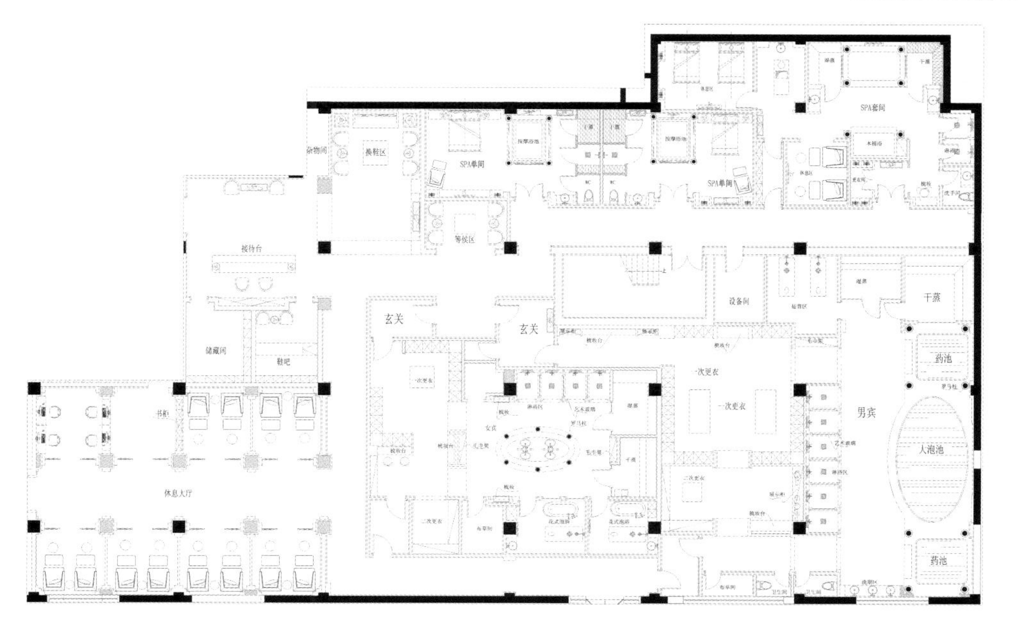

FP FURNITURE PLAN
Scale 1:100 平面布置图

都峰苑接待中心

设计机构：动象国际室内装修有限公司
设 计 师：谭精忠
投资兴建：新润建设
销售企划：甲山林广告
参与设计：陈任远 陈敏媛 张耀伦
项目面积：1F 面积 205 平方米
　　　　　2F 面积 1 050 平方米
　　　　　3F 面积 980 平方米

都市由建筑群体组织而成，成群的建筑则构成生活的场域，而“艺术文化”是丰富空间的关键方式，也是重点发展的策略产业。“艺术文化”在美化城市空间、促成空间认同感的生成、驱动都市再生与带动文创产业发展等方面皆扮演着重要的角色。

本案建筑基地紧邻国家电影文化中心的预定地，地处国家级艺术文化重点发展区域，因此如何呼应、导入艺术与文化元素，成为接待中心设计思考的首要课题。

接待中心的室内空间以古典形式的歌剧院作为设计概念，古典语汇结合现代造型的墙板，营造出新古典的歌剧院氛围。1 层入口门厅以挑高 12 米、刻意放大的空间尺度与简洁利落的线条，搭配艺术家倪再沁的雕塑《4P 及风景》与范姜明道的《再生系列》，充分反映出接待中心的设计主题与诉求。

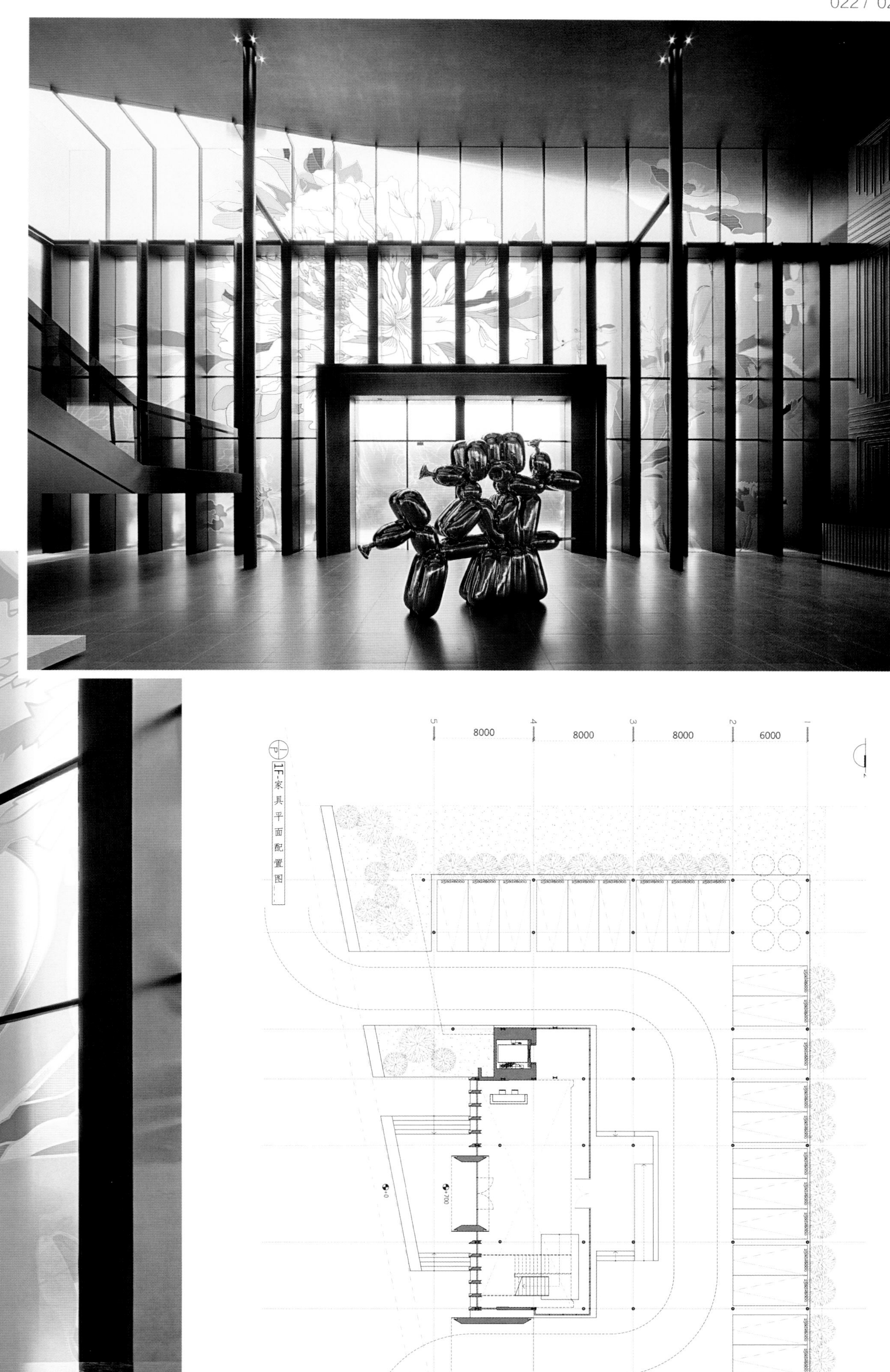
1F-家具平面配置图
8000
8000
8000
6000
5
4
3
2
1

耕海国民院子售楼处

设计机构：天坊室内计划有限公司
设 计 师：张清平
项目面积：720 平方米
项目地址：辽宁大连
摄　　影：刘俊杰

本案是位于中国大连的接待中心。为创造其特殊性与价值性，以新国民贵族为定位。设计者通过东西文化的剪辑与交融，实质线条的高低、内外交错，以抛物线依附量体的概念、建筑的虚与实诠释了新国民贵族的特色，并衍生出空间与城市脉络的精彩对话。

设计者以当地的原生素材构成装饰与空间的精神线条，让情境尽情伸展，同时深度呼吸，以自然的书法笔触线条呈现大巧若拙的蒙太奇精神。将图腾与材质通过灯光结合，让柱面成为充满历史韵味的精美艺术品，再加上西式建筑序列的呈现，体现东西融合、兼容并蓄的蒙太奇手法。在大厅与展演厅天花板的处理上，设计者将中国人祈愿幸福、仰望光明、迎接希望与温暖的心愿及文人贵族内心逍遥自在的奔放，通过新式素材、序列的拼接手法，将蒙太奇式的智慧引渡到空间之中。展台以自然肌理的真才实料，呈现让人心安淡定的空间质感，解开东西方共同的简约设计符码。喜极净，净水无波，明心见性，让参观者品赏到蒙太奇式的豁达与宏观。

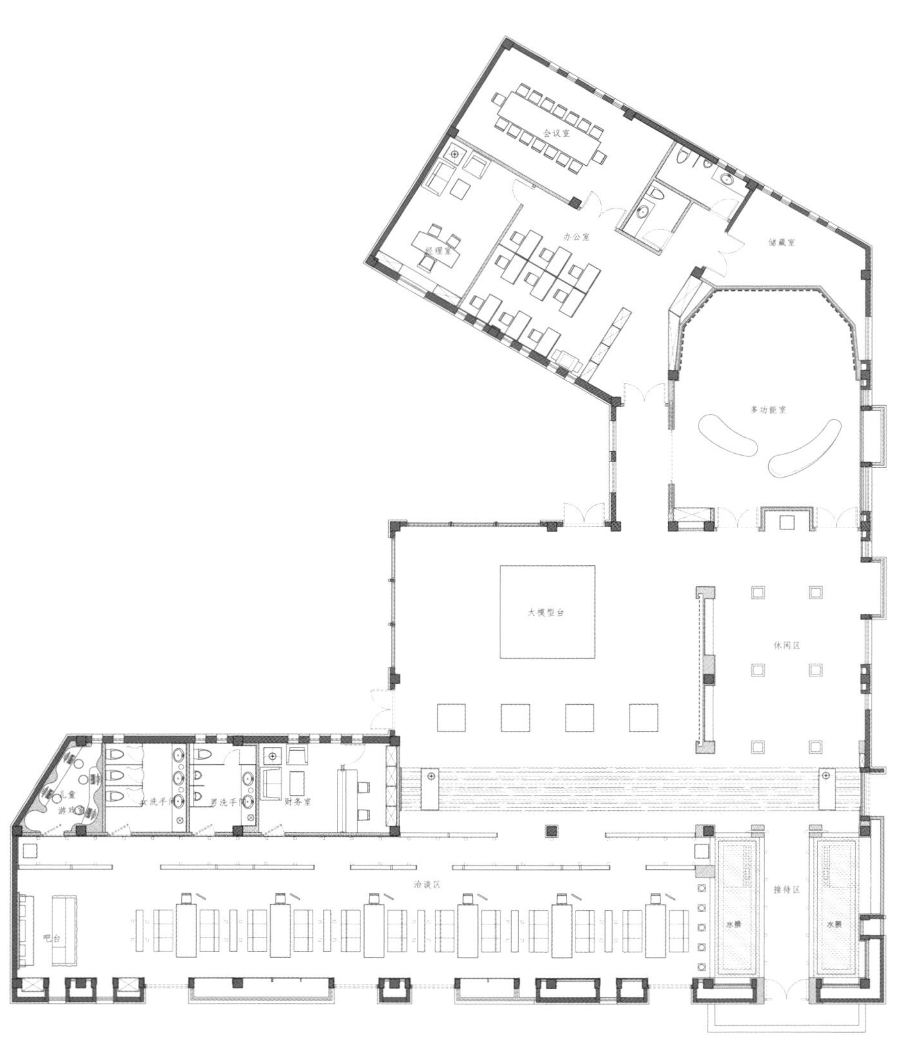

平面图

浣花香售楼部

设计机构： 多维设计事务所
设 计 师： 范 斌 张晓莹
客　　户： 成都乐地投资有限公司
项目地址： 四川成都
项目面积： 720 平方米

该项目位于成都市中心草堂片区，拥有人文景观和自然景观的先天优势。该项目定位高贵、典雅，并利用建筑基础的大尺度优势，造型简洁、大气、流畅。

功能区域划分采用虚实结合的手法，做到区域划分明晰而又不失整体连贯性。因建筑设计的局限性，室内空间较为封闭、自然采光面积较少，所以设计注重材质搭配，结合灯光层次、着力营造令人愉悦的色调，同时也通过背景光、造型光、造型灯具、点位照明灯具的布置，使大尺度的空间呈现较为丰富的层次感。特别是作为重点展示区域的主沙盘，虽然沙盘和该空间体量比例悬殊，但仍达到了主题突出、具有较强的视觉张力和视觉饱满度的效果。

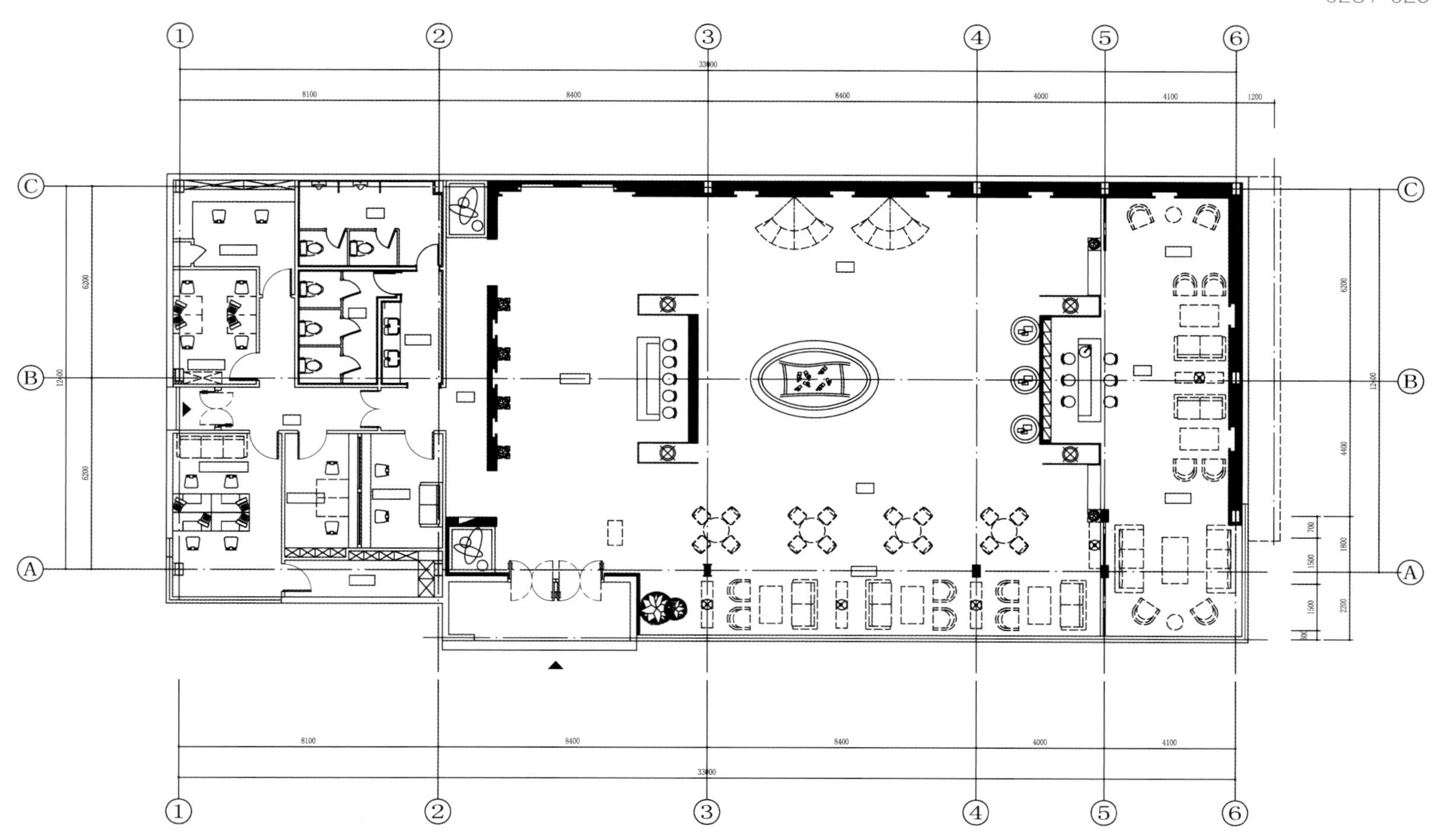

1
2
3
4
5
6
A
B
C
8100
8400
8400
4000
4100
1200
6200
6200

RELAX

九五隐

设计机构：齐物设计事业有限公司
设 计 师：甘泰来
项目地址：中国台湾台北
项目面积：569 平方米

本案狭长形基地面向公园和一条磺溪，从基地原有的规划延伸到周边的绿意。从建筑外观到内部机能，皆以住宅作为视觉及空间内容上的操作设定点。挑高的两层迎宾入口呼应着居家玄关；以两层的书柜为主墙，隔出室内独立的洽谈区及书房。隐藏其中的员工办公室和茶水间有着专属样式的空间。模型区以半穿透的界面呈现。迎向公园的主要开放面利用一道大型横拉玻璃门串连起室内外的景致，并利用镜面将绿意带进室内空间中。中庭内景的樱花树，也呼应着邻近的樱花岗公园，通过二楼的一个夹层走道，营造出不同高度的缓冲区，人们可以在此欣赏到这片世外桃源般的美景。

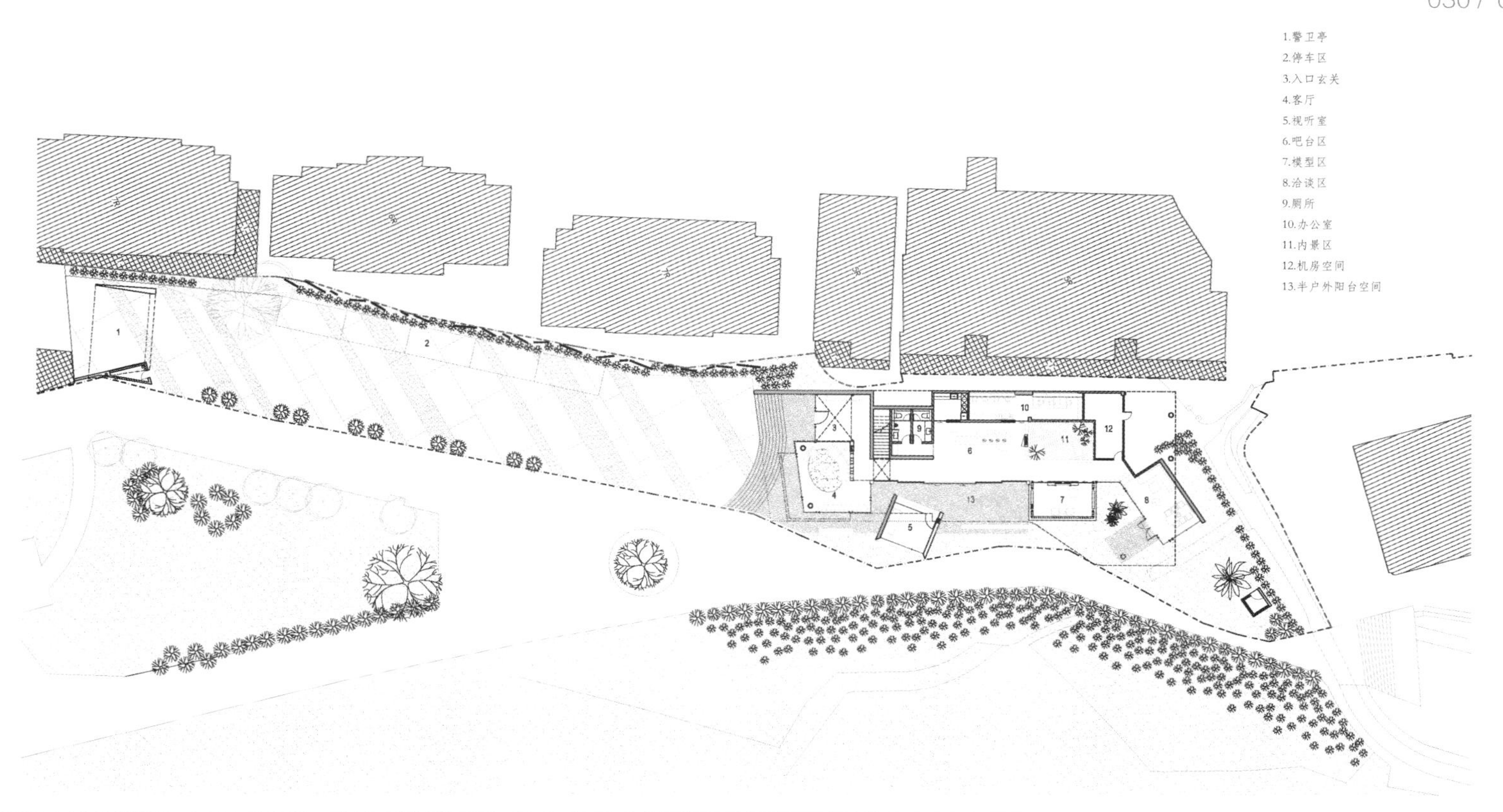
1.警卫亭
2.停车区
3.入口玄关
4.客厅
5.视听室
6.吧台区
7.模型区
8.洽谈区
9.厕所
10.办公室
11.内景区
12.机房空间
13.半户外阳台空间

凯德置地·脉城售楼中心

设计机构：广州道胜装饰设计有限公司
设 计 师：何永明
客　　户：凯德置地（中国）投资有限公司 — 佛山市新凯房地产开发有限公司
项目地址：广东佛山
项目面积：325 平方米
摄　　影：Alina

本方案是设计师对该楼盘以及这个城市的感受：充满着文化沉淀与现代都市感的气息。

销售中心空间小，功能需求多，所以设计师需要充分地利用空间。客户是具有国际背景的本土人士，所以整个空间的设计风格走国际路线，同时需要融合本土的文化精髓。

销售中心是由建筑首层入户大堂临时改造的，属于临时建筑，所以工程造价比较低，但要达到吸引客人、促进销售的效果；所以在色调上选择了具有张力的黑白灰，使整体空间富有视觉冲击力，再用金色点缀搭配，使空间更显低调奢华、沉着稳重。设计师在空间上的设计也独具匠心。由于空间面积的限制，沙盘的位置比较窄小，为增加空间的层次感特意将沙盘位置提升了 3 级，这样的落差感使得空间更丰富、空间感更强。

整个设计的亮点在于设计师利用了建筑本身的结构来体现空间设计主题，体现文化与都市之间千丝万缕的关系。入口的墙面利用白色圆管所呈现的凹凸感体现了城市的建筑线条，以这些规整的凹凸线作为主轴线，从大堂延伸到厕所、进一步体现城市的脉络。不同位置的柱子有不同的凹凸造型，增加了佛山本土文化的展现。武术和陶艺作为空间的艺术点缀，使整个空间呈现出国际与城市、城市与本土文化之间的有机联系。

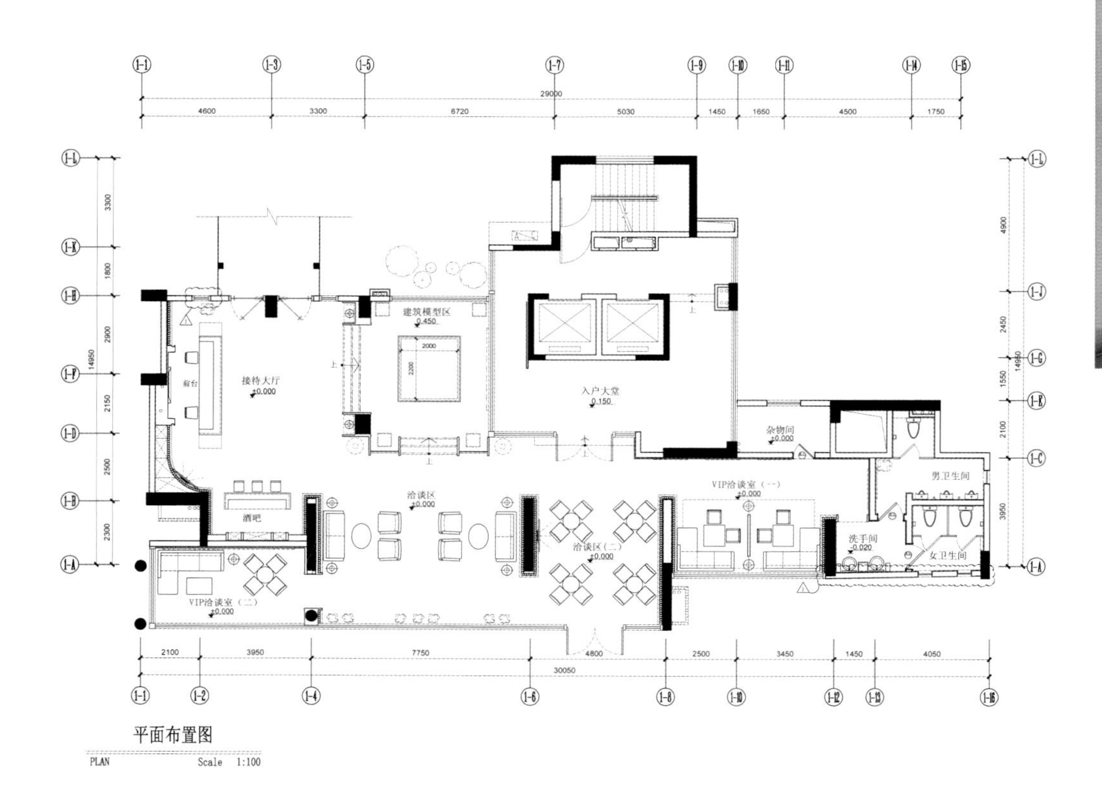

平面布置图
PLAN　Scale 1:100

塞纳湾

开 发 商：河源市深业地产有限公司
项目地址：广东河源
主要材料：贴石材、高级外墙砖、埃特板、外墙涂料

项目汲取法国风情庄园的文化精髓，融入浓郁的法式风格与风情元素。天花板是该项目的一大特色，相比于传统质朴的天花设计，设计师运用艳丽的颜色与图案，让天花板如画布一样美丽纷呈，同时四周点缀灯光，让宽敞的大厅明亮通透。从二楼垂下的巨型吊灯与正下方的沙盘交相辉映，成为空间的最大亮点。二楼是私密性更强、更具贵族气息的贵宾区，齐全的配套设施让人仿佛身处城堡中，享受着最贴心细致的服务。整个售楼处成功地为顾客打造出一种浪漫与优雅结合的纯正法式贵族生活。

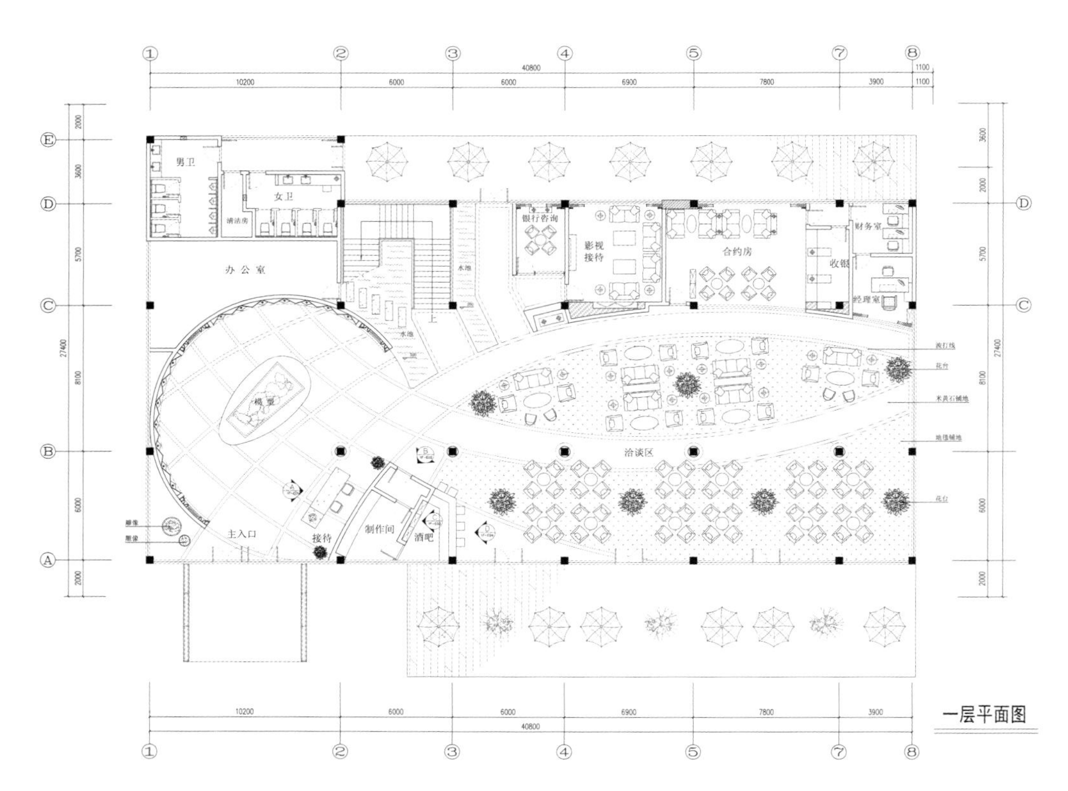

一层平面图

深圳·宝安中洲中央公园营销中心

设计机构：KSL 设计事务所
设 计 师：林冠成 温旭武 马海泽
项目地址：广东深圳
项目面积：4 000 平方米
摄　　影：井旭峰

并非纯粹地为了设计而设计，KSL 设计事务所以平衡商业性质和环境为基础，重新定义空间与人之间的关系。设计赋予空间以灵魂，使之既灵动又刚毅。而在手法上，构造了一个建筑中的建筑——线条凛冽，灯光层次丰富；大理石、地毯、皮革与木材等材料交相辉映，使气氛更显温馨。使人们商业洽淡之余，更能享受环境所带来的舒心和喜悦。

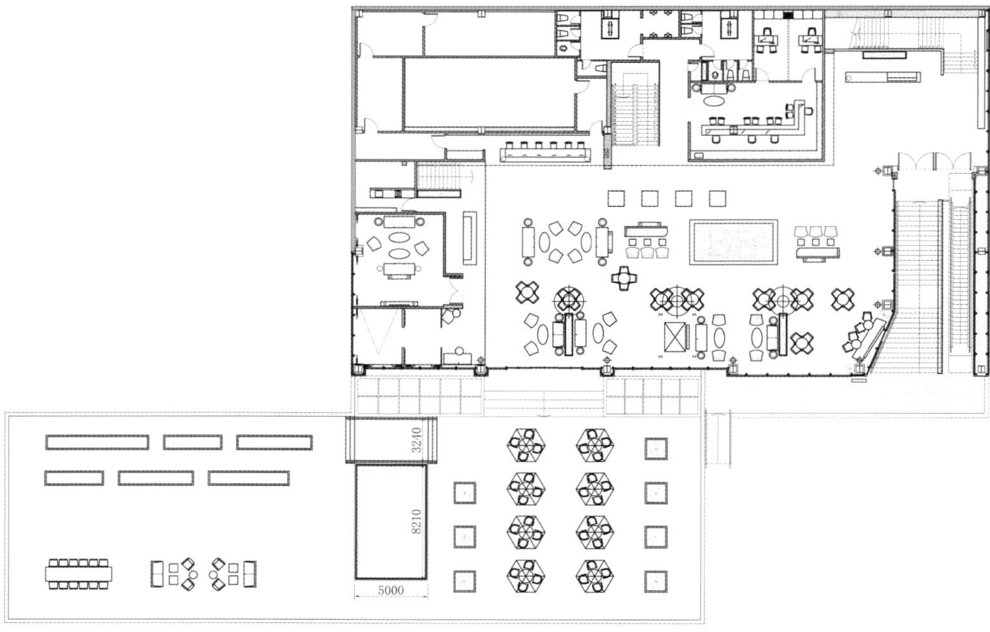

二层平面布置图

THE PARK of PALACE

天喜东方会所

设计单位：深圳大羽营造空间设计机构
主设计师：冯羽
设计团队：陈慨 马琪 朱永刚 陈振华 金宗跃 廖锦威
施工单位：汕头享泰装饰工程有限公司
发 展 商：惠州市金润隆房地产开发有限公司
项目地址：惠州大亚湾区大亚湾大道与沿海高速交汇处
项目面积：1 500 平方米

整个空间的塑造起源于一个有机的形态——海水礁石腐蚀所留下的洞岩痕迹。这个有机的形态被一个双层表皮所包裹，底层叫做草叶层，是用浅色水泥模板批荡成型墙面，工法之所以用复杂的草叶形态来表现，是隐喻周围茂密的草木地理文脉关系，同时与东方哲学文化内涵所呼应，暗喻一种内敛式的生活方式，顺应自然，人如草叶，一岁一枯荣，就像《菜根谭》所讲，人生如嚼菜根，其实很简单、从容、淡定，哲学均在一草一叶之中。上面一层是用了一种比较有韵律感的木质格栅形态的有机体量覆盖整个空间，"朦胧、宁静、律动"，这是我们所表达的空间意象。"朦胧"所赋予空间的是一种东方诗意的婉约美："烟笼寒水月笼纱"，宁静是一种心态，是一种思索，"律动"是周边大海这一地理文脉所赋予我们的一种水纹的起伏，也是平静中的一种律动和喜悦，不卑不亢，东方的气韵，东方的气象，是我们所追求的一种现代诠释。

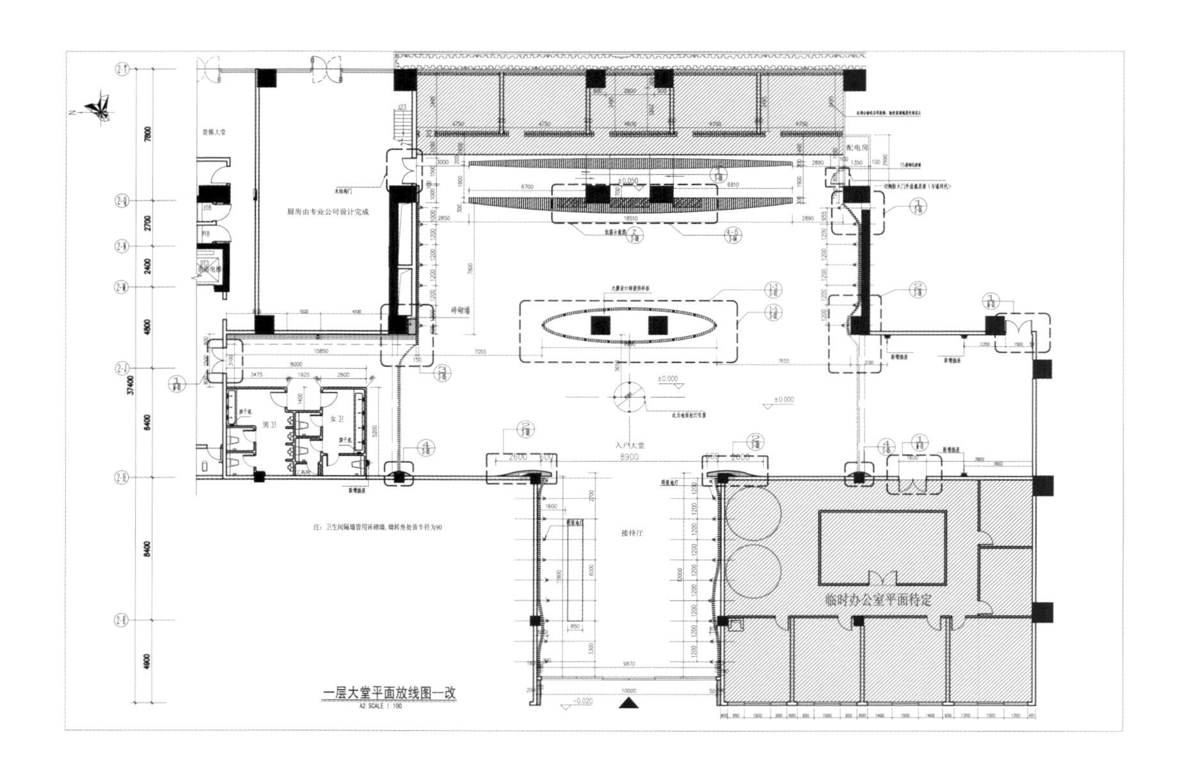

武汉销售中心

设计机构：尚策室内设计顾问（深圳）有限公司
设 计 师：李奇恩 陈子俊
项目地址：湖北武汉
项目面积：1 500 平方米

武汉销售中心项目所在地是武汉市商贸中心地区——汉口镇硚口区。硚口，这颗汉江边上的明珠，正闪耀着夺目的光辉。

设计以水为灵感，销售大厅洽谈区上空以水的曲线形态演变而来的水晶灯与椭圆的金钢背景墙及两端的波浪造型墙相呼应，光的透入与景的整合使空间产生了意义的变化，它不仅仅是富有视觉力的饰物，同时也很好地结合了楼盘“星汇云锦”的元素，构筑了引人冥想的内部空间。

堪比五星级酒店的销售大厅阔绰奢华，金碧辉煌。设计规划分隔为两层，一层拥有两间豪华 VIP 贵宾室、挑空七米高的椭圆形影音室以及六个独立的 VIP 洗手间，还有充满活力的儿童空间，这些足以传达给所有来访客户高贵的尊崇感。二层为认购签约区及办公区域，空间与众不同的设计，很好地调和了现场气氛，达到和谐尊崇的主题。

武汉销售中心某种意义上代表着硚口金三角项目的内在气息，它尊贵、时尚，并且有着强烈的形象感。

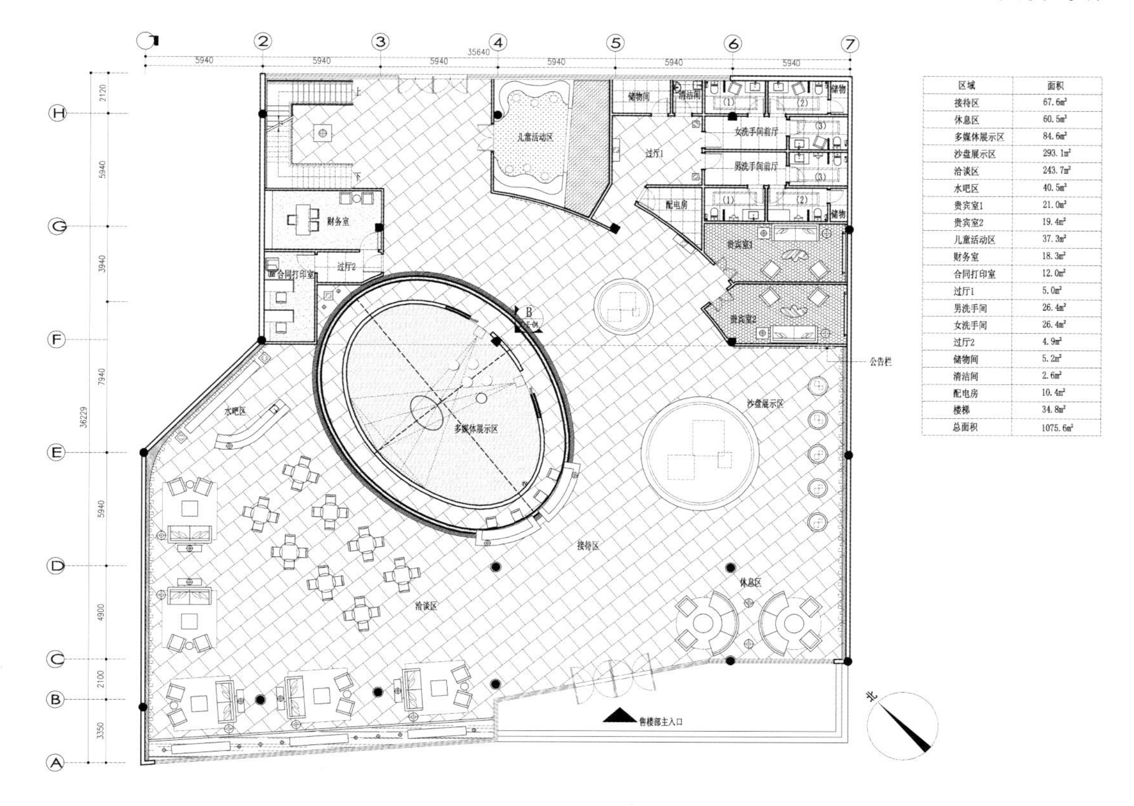

区域	面积
接待区	67.6㎡
休息区	60.5㎡
多媒体展示区	84.6㎡
沙盘展示区	293.1㎡
洽谈区	243.7㎡
水吧区	40.5㎡
贵宾室1	21.0㎡
贵宾室2	19.4㎡
儿童活动区	37.3㎡
财务室	18.3㎡
合同打印室	12.0㎡
过厅1	5.0㎡
男洗手间	26.4㎡
女洗手间	26.4㎡
过厅2	4.9㎡
储物间	5.2㎡
清洁间	2.6㎡
配电房	10.4㎡
楼梯	34.8㎡
总面积	1075.6㎡

义乌“幸福里”LAHAS ZONE 销售中心

设计机构：阔合国际有限公司
设 计 师：林琮然
设计团队：李本涛 韩 强 何 山
客　　户：大都置业
基地面积：760 平方米
建筑面积：1 300 平方米
项目地址：浙江义乌
摄　　影：王基守

为了确保成功地执行绿色创意的理念，大都置业委托前卫自然设计风格的设计师林琮然，打造义乌第一个绿色销售中心。该项目不同于以往的销售中心，没有选择在基地内建造新建筑，而是找寻废弃旧厂房进行全面的空间改建。面对旧空间结构上的种种限制，设计师坚持“再利用”的概念，结合开发商的意向，创立出一个全新的中式典范。林琮然认为，绿色的观念在于持续的经营，在于如何去对一个闲置建筑进行再设计并重新利用，考虑后期的功能转换，把空间的使用价值发挥到极致。将旧厂房转化为全新的销售中心，并且将未来会所的功能隐喻其中，使设计中有可持续性的长远规划——这意味着设计工作本身就是环保。设计随着时间的推移能够实现空间功能规划的变换，分期分阶段地布局，让空间保留最大可能性。尽可能以最少的施工介入建筑，完成目前阶段的使用需求，并努力创造出一种“小确幸”（小确幸：微小而确实的幸福，出自村上春树的随笔，由翻译家林少华直译而进入现代汉语）的参观体验，这都是建筑师所构思的设计重点。

一层平面布置图
SCALE 1:200

金地长沙三千府售楼会所

设计机构：北京睦晨风合艺术设计中心
设 计 师：陈 贻 张睦晨
项目面积：3 000 平方米
项目地址：长沙
摄　　影：孙翔宇

传统的欧洲文化是建立在信仰上帝的基础上的一种宗教文化，它影响着欧洲几千年的生活、历史、艺术及建筑。人们信仰主，赞美他，并以圣经故事为主题创作了众多宗教题材的艺术作品，很多都成了不朽的经典。在罗马建有圣天使堡，人们在那里竖立天使雕像，用以对抗危难与疾病。天使，希伯来文是 Malak，简单的意思是“使者”，代表圣洁，良善，是上帝与人类沟通的使者。天使不仅能给我们带来对和平、浪漫、幸福和美好的想象，同时也能让整个空间产生令人愉悦的心理感受和精神上的灵性守卫和关照。正是基于对欧洲文化与艺术的深刻理解与认识，设计师陈贻和张睦晨在接手金地长沙观音岩会所这个以欧式宫廷风格为装饰风格定位的商业项目时，决定把天使及信仰这个理念引入室内空间中。设计师把该项目作为天使之城来定位，试图给这个空间注入灵魂和生命力，同时也希望能让人们通过天使这一美好形象更深入地体味和了解到欧洲文明最本质的特征和内容。并希望通过此次设计及最终展示出来的空间氛围，使人能感受到空间中所蕴涵的崇高神圣的精神理念，并以此赋予这个商业项目极大的精神内质与文化内涵。

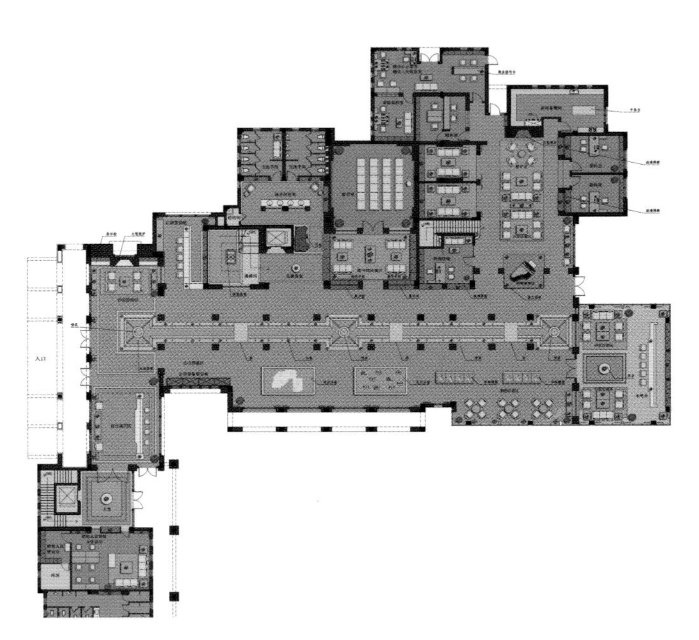
入口

雍河接待中心

设计机构：杨焕生建筑室内设计事务所
设 计 师：郭士豪 杨焕生
参与设计：王慧静 陈冯霈
项目地址：中国台湾竹北
室内面积：264.5 平方米
主要材料：木皮喷漆、镜、玻璃、大理石
摄　　影：刘俊杰

外形整体设计如水岸边堆叠的石头，具有强烈的意蕴。黑白的色调构成垒石与流水的对话——“自然粗野、平滑干净”的原始造型，表面纹理与周边高楼林立的现代都市形象构成显著对比。

寓意溪水冲刷形成的垒石群块，生根于都市一角，高低起伏的垒石块体与流畅的流水线条勾勒出建筑体量的形态，在岸边与头前溪交相辉映，充满了河岸纹理的感性与活力。

内部与外部以动线引领人流渗透到建筑体量与室内空间中。

回流的空间动线由户外借由缝隙引流入室内旋即释放空间，将人顿时抽离原有的繁乱都市，刻意挑高空间尺度，呈现大厅空间静谧的空间气势，空间动线安排也以回流为安排方式，让人流回流于空间中，达到设计上人与空间对话的自由度。

柏悦汇会所

设计机构：PANORAMA 香港泛纳设计事务所
设 计 师：潘鸿彬 谢健生 黄卓荣
项目地址：广东深圳
项目面积：3 600 平方米
摄　　影：吴潇峰

柏悦汇会所位于深圳市新开辟的饮食娱乐中心所在地——欢乐海岸。KTV 是日本人发明的一种娱乐项目，如今已成为中国人民所喜爱的娱乐消遣方式。本案的设计策略就是将已有的发展潜力进一步发掘，将音乐和环境融为一体，来创造此种娱乐方式的新价值。

我们的设计将东西方文化中不同的元素加以凸显，使顾客在娱乐中获得无限的想象、惊喜以及乐趣。会所内的家具、灯光、颜色和材料及一切细节都经过策略性选择，富有美感及实用性。顾客可以一边唱歌一边欣赏各种风格带来的视觉体验。

二层平面图

首层平面图

五月花城售楼处

设计机构：深圳太谷设计顾问有限公司
设 计 师：谭 侃 王光辉
项目地址：河南郑州

室内为现代中式风格，功能分区设计以接待区、沙盘区、洽谈区、贵宾接待室、酒吧区和中庭小景区 6 个区域为主。在设计上，运用简洁明快且充满文化气息的装饰，通过整体暖色调与局部光源的配合，将流动性与开放性互融，为整个售楼中心营造出雅致大气的氛围。深色的木饰面使整个设计深沉、稳重，加上一些自然元素的运用，为整个设计增添了诸多活力与生气。休息区一些极富韵味的小品摆设，亦独具生活气息。

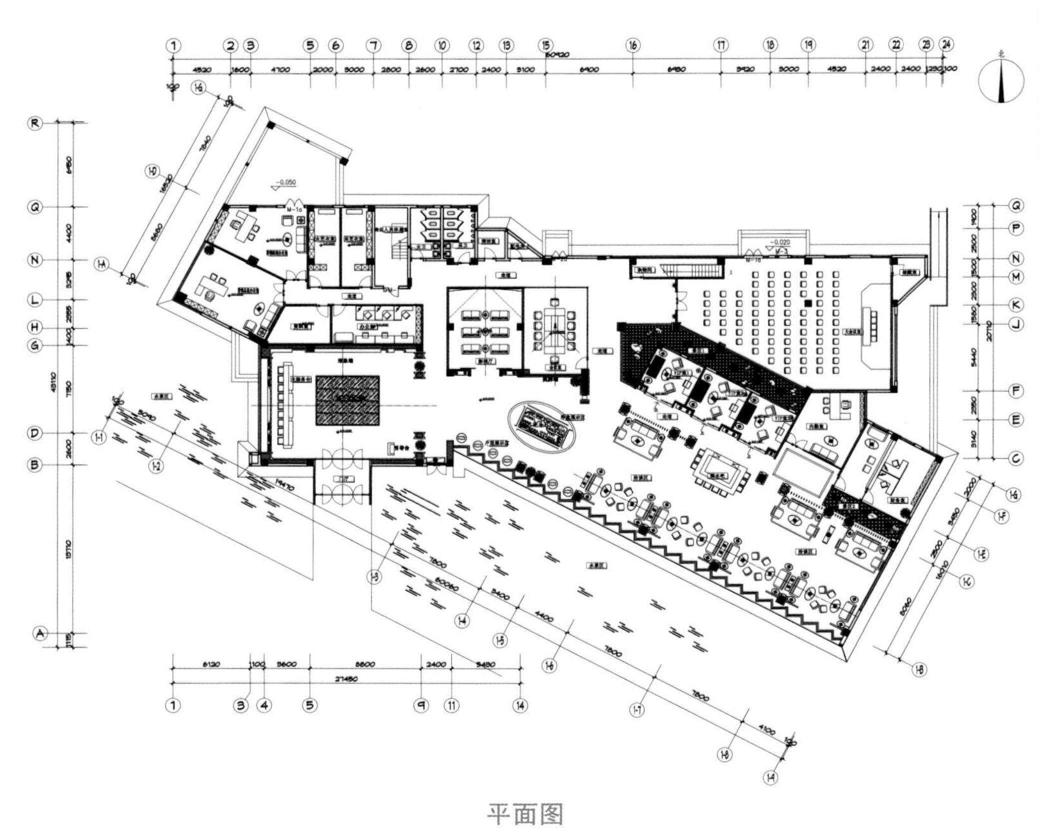

平面图

MAY FLOWER CITY

东方帝国多功能会馆

设计机构：天坊室内计划有限公司
设 计 师：张清平
项目地址：中国台湾台中
项目面积：1 863 平方米
摄　　影：赖寿山　刘俊杰

该项目把坚持与创新都放在传统上，不只是创作出造型炫目的体量，在设计里，有东西方世界都熟悉的古老的灵魂。

以原创东方蒙太奇的设计手法，解构龙的 DNA，衍生造型与建筑肌理。将古代智慧现代化，融入空间的皮层；西方设计中国化，融入内部布局的结构。中西合并国际化，带来新的感动与新的希望。

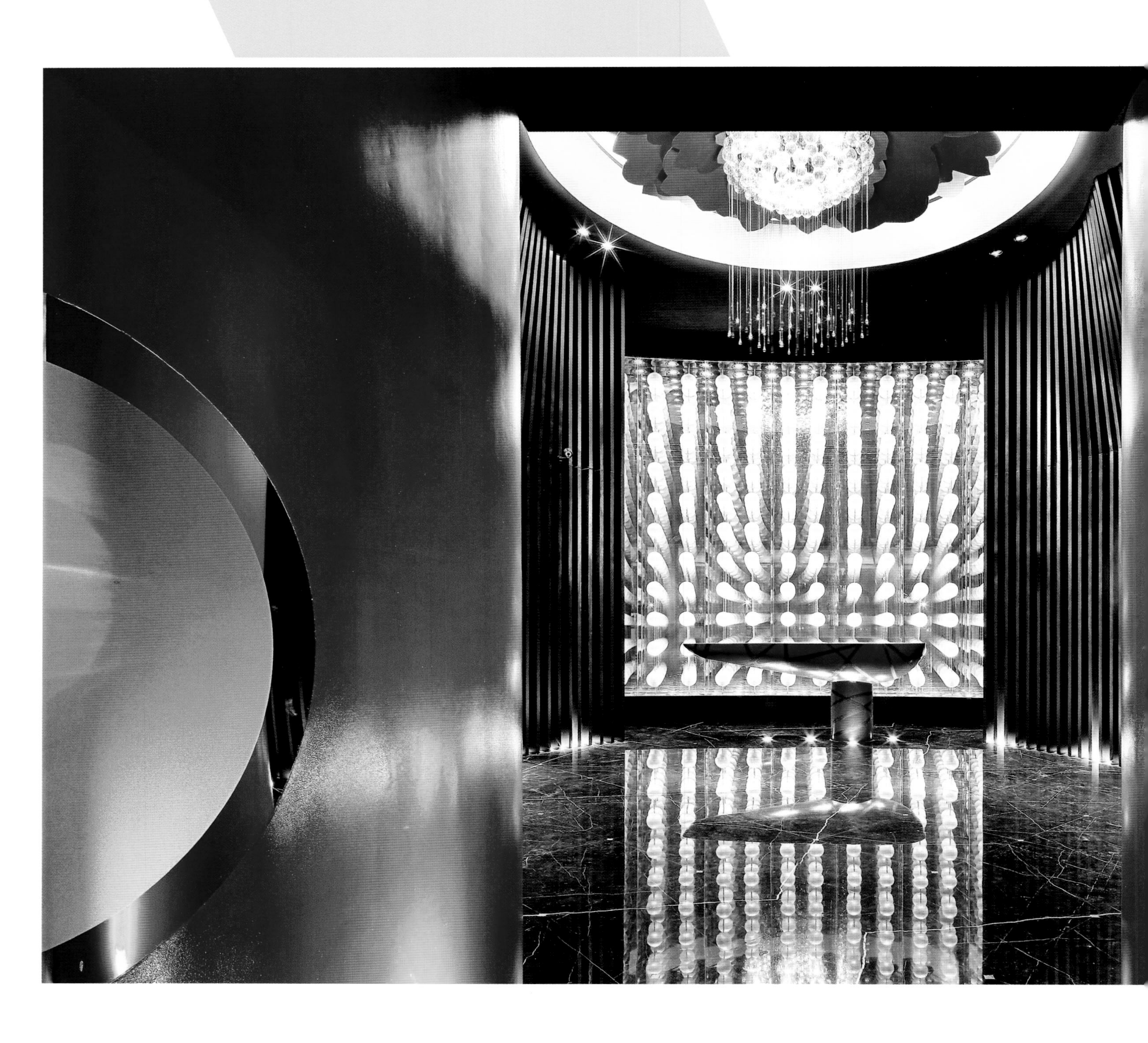

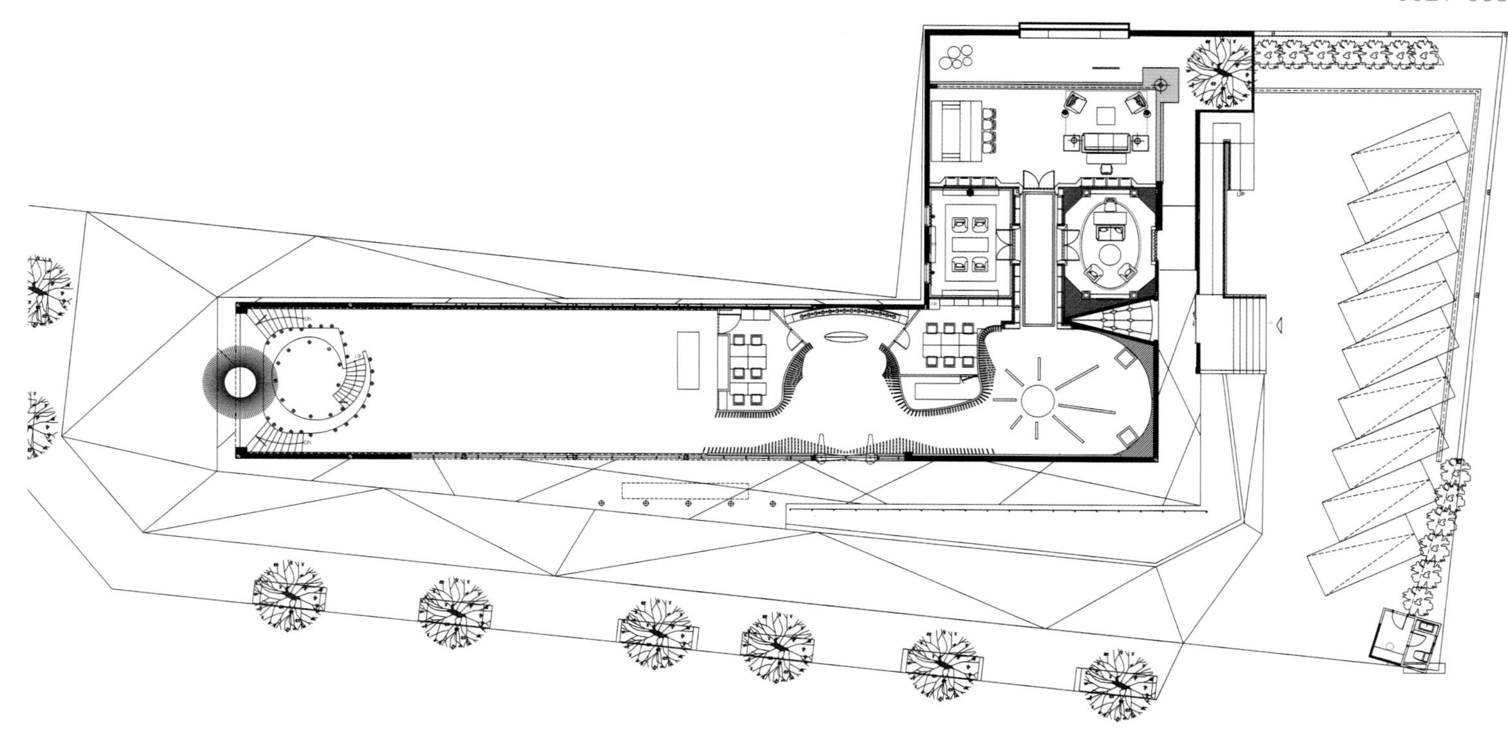

平面图

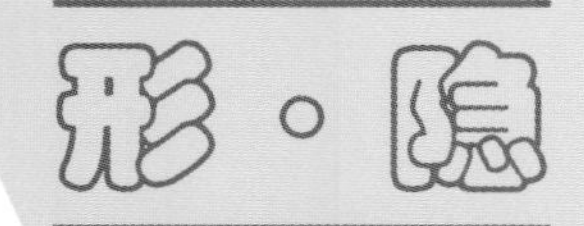

设计机构：河南东森装饰工程有限公司
主设计师：刘 燃
参与设计：张宁娜
项目地址：河南濮阳
项目面积：3 000 平方米
摄　　影：徐朝亮

古人云："醉翁之意不在酒，在乎山水之间也。山水之乐，得之心而寓之酒也。"方案之初，设计师力求无过多的设计形式，定位做到净、纯、亮、美之深邃。"鱼鳞般的形体"成为空间的主宰，从大堂到每一层步廊再到每一层餐厅包间，曲线是唯一的变化者，也是空间的连接点，使视觉空间形成独有的魅力。故设计无痕，忘乎空间形式的存在，把人带到一个一尘不染的世界中。空间中的元素、材质、照明似存在又似不存在，引领人们触及内心深处最纯净的灵魂，这便是本案设计的初衷。

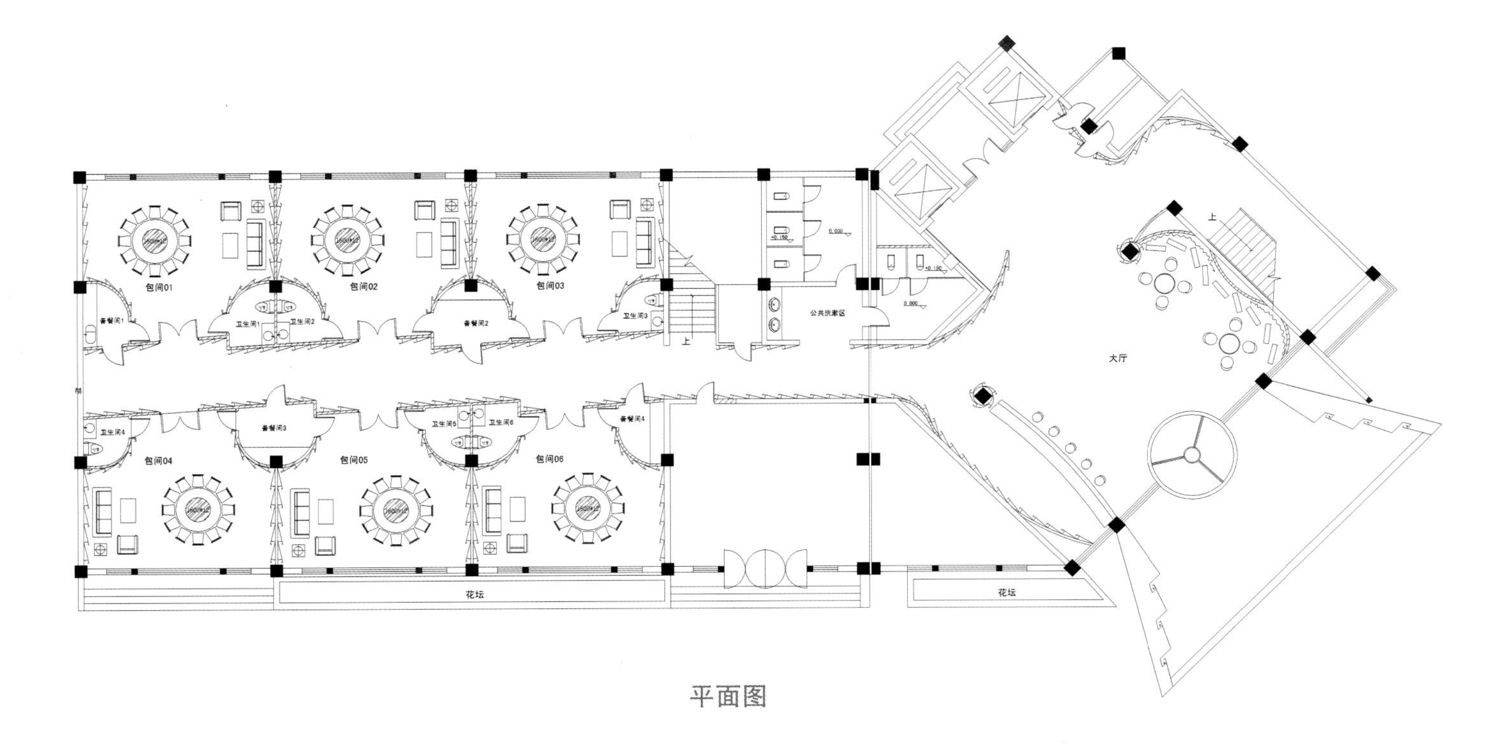
包间01
包间02
包间03
备餐间1
卫生间1
卫生间2
备餐间2
卫生间3
上
公共洗漱区
卫生间4
备餐间3
卫生间5
卫生间6
备餐间4
包间04
包间05
包间06
花坛
大厅
花坛

平面图

上座会馆

设计机构：深圳华空间机构
设 计 师：熊华阳
项目地址：贵州铜仁
项目面积：7 000 平方米

坐落于贵州省铜仁市的上座会馆，是接待当地高端人群及高级客商的重要场所。位于这样一座有山有水的自然、静寂之城，最适合它的建筑风格莫过于传承我们几千年历史文化的中式建筑风格了。上座会馆由两座三层高的中式建筑砌合而成，由建筑外观到室内设计，再到软装配饰等，均由华空间机构一体完成。会所内含健身会所、娱乐酒吧、中式餐饮等项目。

无论是室内设计，还是产品设计，成功的设计在于相辅相成，由点及面的互相呼应。如此案中多处应用的方圆结合（会馆外观、接待大厅、池塘边上、包房内的玄关）都是方圆之间的艺术组合。设计师在建筑与池塘之间留有数平方米的空间，并设计成可临水而坐的闲叙之地，凉爽的微风、静谧的湖面、舒畅的空间，非常受宾客的欢迎。

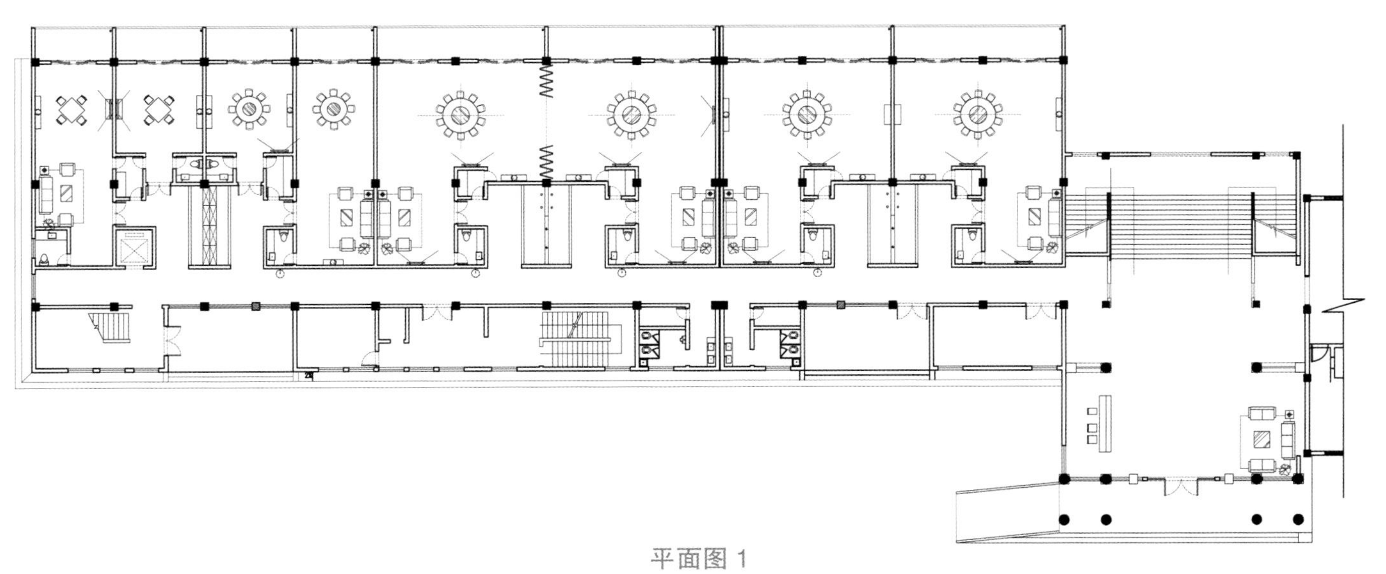

平面图 1

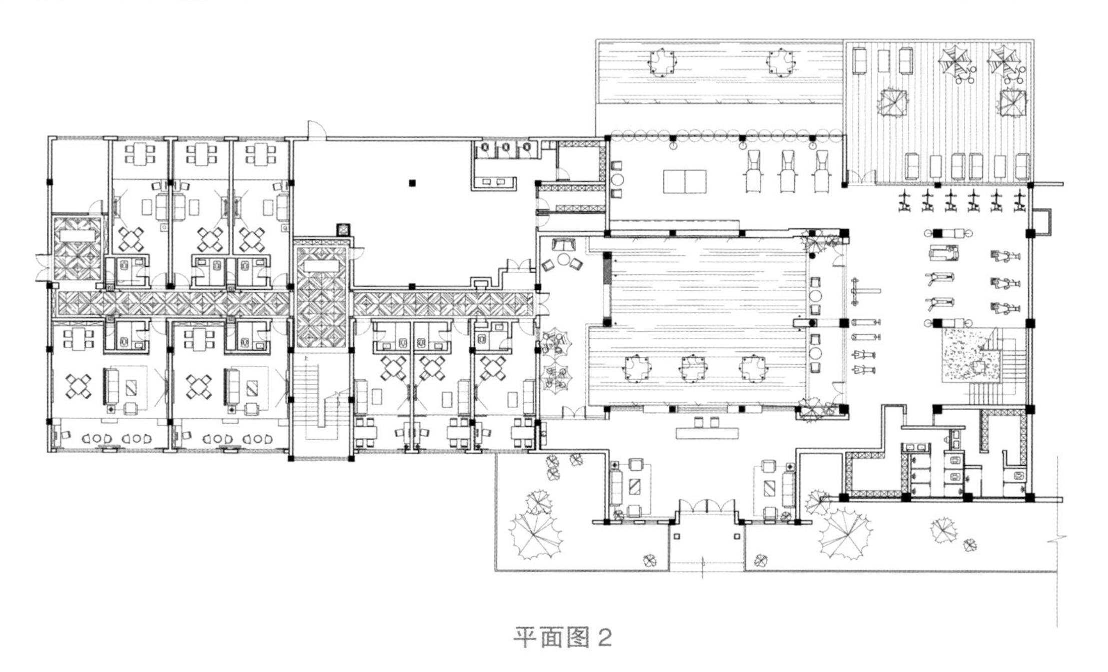

平面图 2

国泰璞汇接待中心

设计机构：周易设计工作室
项目地址：中国台湾台中
项目面积：496 平方米

本项目发想肇基于临时建筑如何低调融入周边地景，深度推演极简体量与环境的对应关系。建筑本体以方整的矩形打开横向面宽，设计上以简洁的水平、垂直线条结构，搭配大小不规则拼接的灰阶水泥板，展现建筑体外观的朴素与精致，更结合设计师擅长的点状、带状情境光源，凸显绿地、水景承托主建筑物的轻盈之美，隐喻内敛中蓄势待发的生命力。

柜台旁有方以大面积格栅衬底的角落，用来展示兴建中的建筑模型；钻石立体切割的白色基座，透过上方自天花板深处悬垂而下的筒式聚光照明，凸显精妙的情境光源效果。独立洽谈区的设计相当注重来客隐私，地面铺设长毛地毯，点缀其上的鼓凳带出微妙的东方人文，“П”形环绕的沙发同样采用低台处理，而嵌于沙发中央的装置艺术，利用相互衔接的亚克力棒，上下媒介光源的传导，表现出烟雾般的轻盈之美。

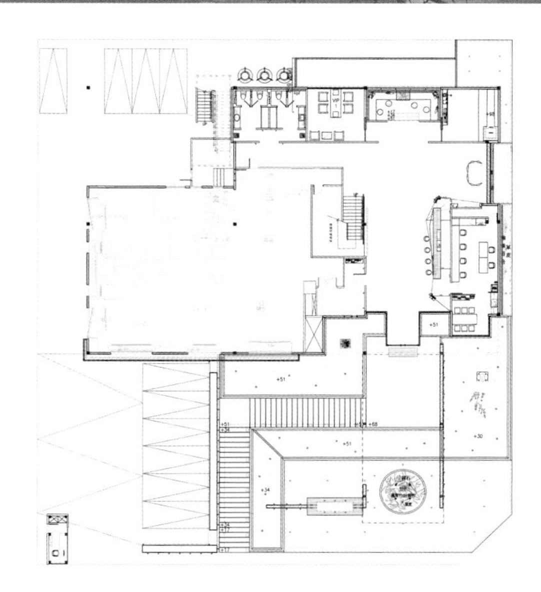

一层平面图

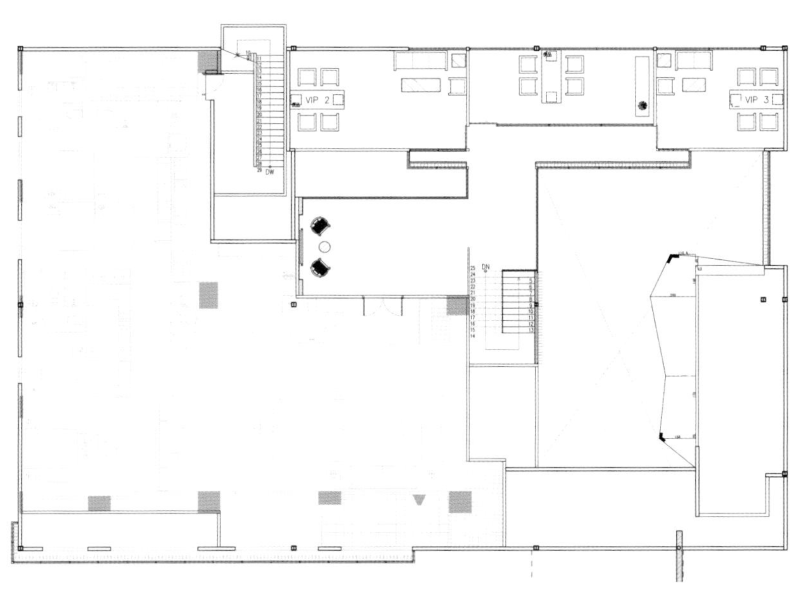

二层平面图

新古典缔造欧式风情——琨廷会所

设计机构：睿智匯设计
照明设计：睿智匯设计
项目地址：北京
项目面积：4 000 平方米

楼盘位于北京市房山区，规划总面积为 269 914 平方米，本建筑作为售楼处会所建造于楼盘社区内。本次睿智匯设计团队受邀完成其内部空间设计，整体空间融合了欧洲新古典的建筑形态，延续了住宅楼与售楼处外观的气质，结合现代人的审美方式，营造出恢宏的宫廷气势，给人以深度的感染。

在设计的过程中，睿智匯设计团队将风格进行从繁杂到精练、从整体到局部的转变，保留了材质、色彩的精致风格，同时又摒弃了过于复杂的肌理和装饰，简化了线条。让我们感受到了欧洲传统文化的痕迹与浑厚的文化底蕴，具有欧式意象的典雅风格，体现社区的高价值感。

平面图

E2 接待中心

设计机构：玄武设计
项目地址：中国台湾新北
摄　　影：王基守

前卫生活与单纯情致是否能并行不悖，必须倚仗设计者的巧思，让建筑取得“时尚”与“纯净”的完美平衡。这份两全其美的雄心，便成为玄武设计规划 E2 接待中心的初衷；而狭长的地形影响了空间结构，如何使空间的限制转化为设计的创意，达成点石成金的效果，是设计者处理 E2 接待中心时遇到的最大挑战。

在设计者的巧思之中，E2 接待中心不仅完全契合企业的品牌精神，契合了业主对自身的一贯要求——高度科技感，更进一步地扭转“科技”等同“冰冷”的刻板印象。在讲究人与自然共存共荣的现代社会，玄武设计为企业打造了极具时尚感的营销空间，同时也为访客、居民们打造了一处“生态森林”，满足人们与大自然亲近的渴望。

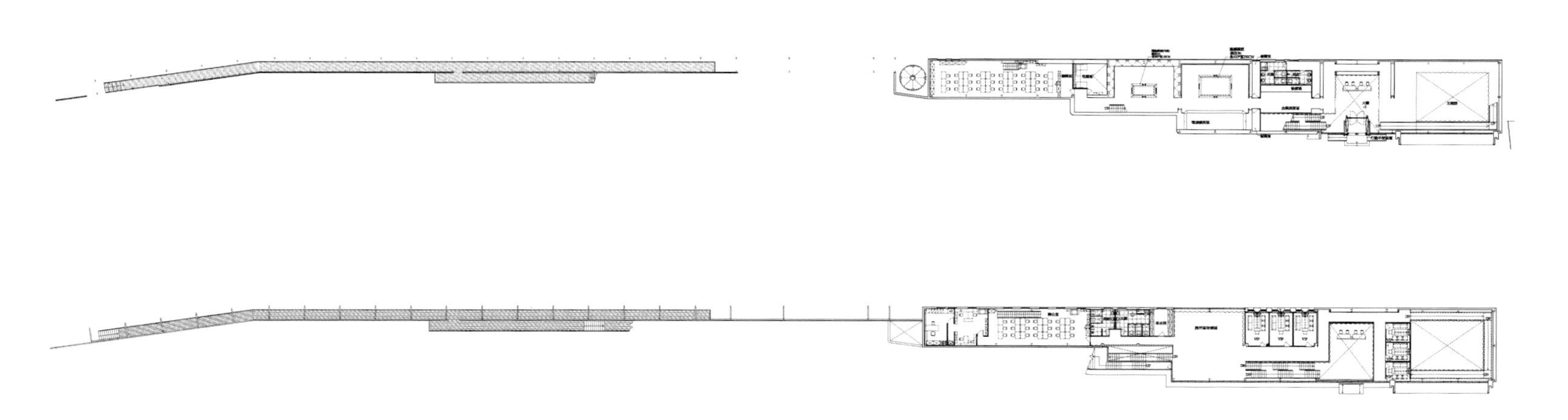

平面图

金华苑售楼处

设计机构：玄武设计
设 计 师：黄书恒 蔡明宪 陈新强
软装布置：胡春惠 胡春梅
项目地址：中国台湾台北
项目面积：1 153 平方米
摄　　影：王基守

该售楼处最精彩的部分，就是在空间中轴处塑造出精品形象的纯白图案墙，圆柱形图样从地面堆砌至天花板，是由手工一个个组装而成的浩大工程，没有任何框架包覆、支撑，纸筒间也没有任何卡榫嵌接，全赖力量的平衡，保持每个构造呈正圆形。设计者以最环保的纸作为素材，以此中轴为空间之本，作为串联其他空间的主廊道，缔造销售空间的特效，堪称玄武设计的一大创举。

玄武设计如同高明的调酒师，以黑色的深沉醇厚、白色的精致绵密，调和皇家氛围的金碧辉煌，正如同俄国文学、音乐与艺术的灿烂展现，让参访者在现实与梦想中反复游历，本案以滚滚红尘和宫廷俗世为背景，表现出神话的生动趣味与宗教的崇高体验。

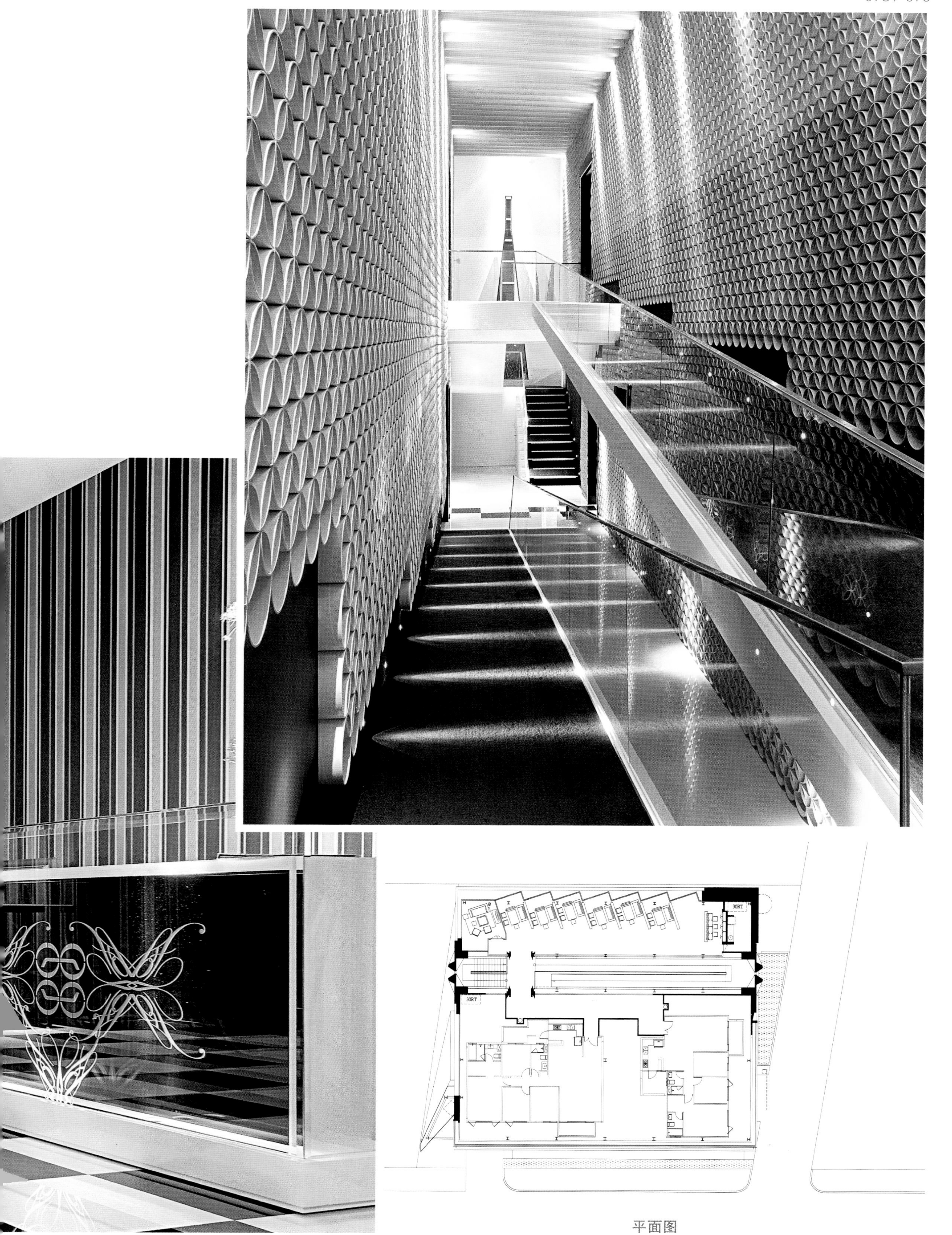

平面图

山水凤凰·城

设计机构：西玛设计（工程）香港有限公司
设 计 师：郦 波
项目地址：广西桂林
项目面积：1 000 平方米

这是一个被各种深浅不一、不断延伸交错的线条结构以及大大小小的三角和菱形几何块面包覆着的商业展示空间，那些在墙面、地面和天花板上奔跑的条纹和色彩组合形成了极具活力和引人注目的图案，加上轻盈而精致、充满个性的设计单品，使原本着色肃静单一的方正空间就此灵动起来，为这个地产销售空间带来多样的流行体验！更值得提出的是，这个看似全木架构的空间里其实采用的是近 5 000 平方米的仿木材料，没有使用一片实木材料。除了商业目的之外，设计师亦希望通过这里的设计告诉所有的买家：不用实木材料，我们同样可以拥有时尚而美好的生活！

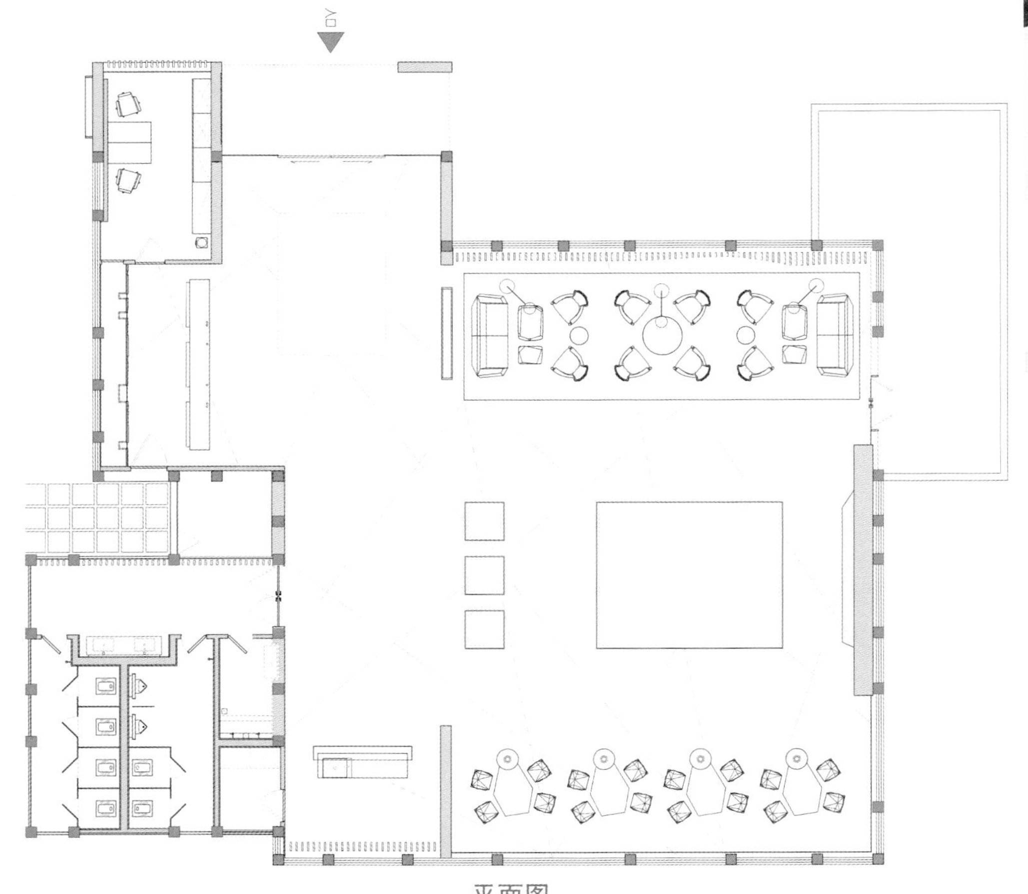

平面图

区域示意图

溪山御景营销中心

设计机构：隐巷设计顾问有限公司
设 计 师：黄士华 孟羿彣 袁筱媛
3D 设计：马增梅 曹怀宝
项目地址：贵州贵阳
项目面积：600 平方米

基地位于贵阳市花溪区，项目毗邻国家级湿地公园、花溪公园、高尔夫生态公园，南接大学城及洛平生态公园，业主希望设计上能体现贵阳独特的地理气候和自然人文特征，提出“和而不同”的混搭的设计理念。

建筑体本身为椭圆形，如何利用空间并符合自然休闲的感受是一大挑战，本项目以湿地公园的大体外形作为主要沙盘模型的轮廓，环形影视厅以较大比例的椭圆形体与沙盘模型相呼应，圆形与波浪形在本案中的作用主要是体现生活中的浪漫与山林脊棱线的简约形态，辅以男卫生间与 VIP 室的弧形隔间，空间整体的塑形轮廓隐约呈现。

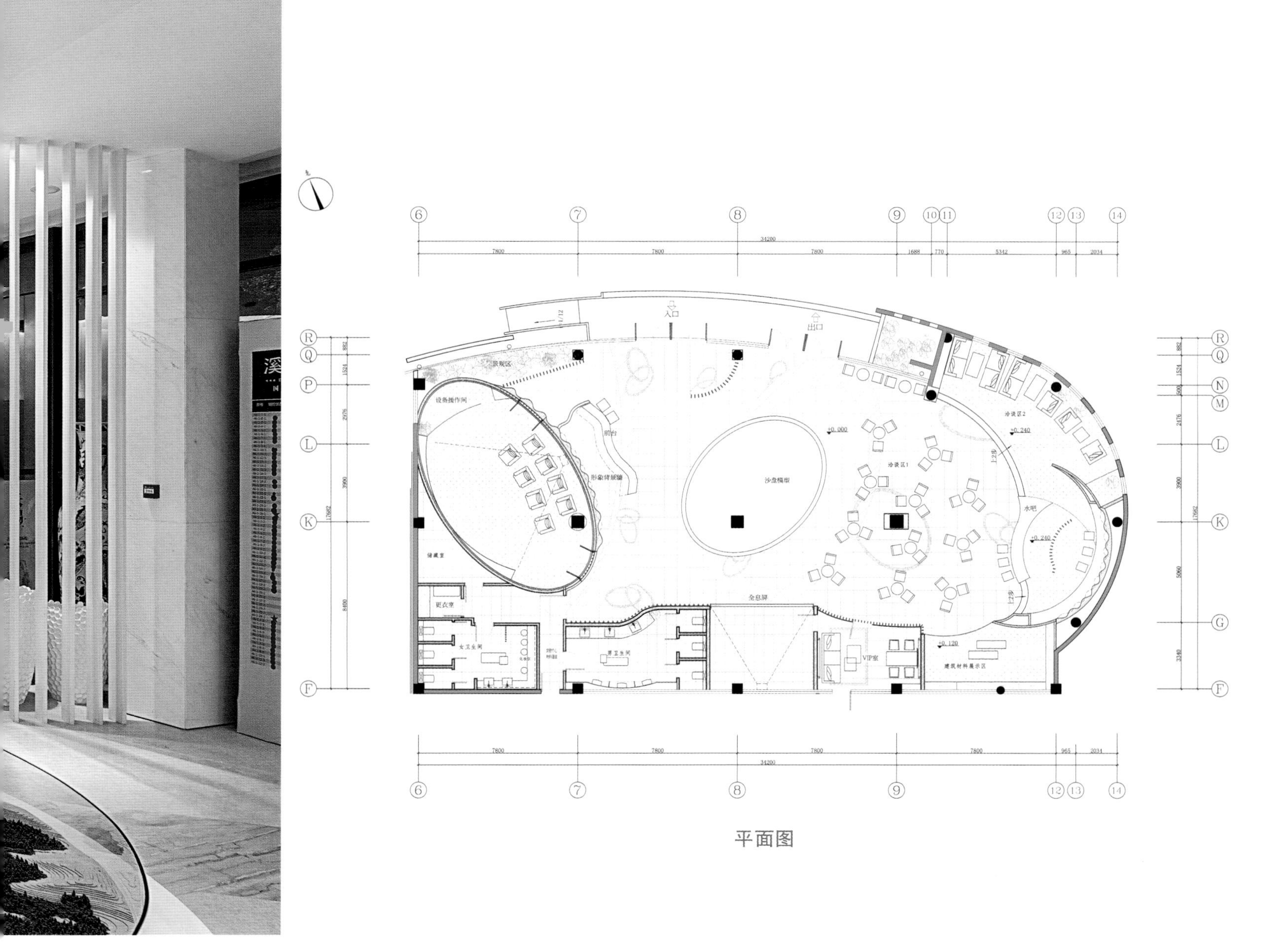

入口
出口
设备操作间
前台
形象背景墙
沙盘模型
洽谈区1
洽谈区2
水吧
储藏室
更衣室
女卫生间
男卫生间
全息屏
VIP室
建筑材料展示区
±0.000
+0.240
+0.120
7800
965
2034
34200

平面图

凯德置地御金沙项目临时售楼部

设计机构：广州共生形态工程设计有限公司
设 计 师：彭征
项目地址：广东广州

从无到有，再从有到无，作为临时性商业建筑的售楼部设计强调低造价、生态性和可持续性。被化整为零的建筑由栈桥和廊道串联起绿墙、接待大厅、洽谈区和数字体验区四个功能单体，最后通向示范单位。方案强调销售流水线的动态设计，也注重人在动态中对空间的体验。

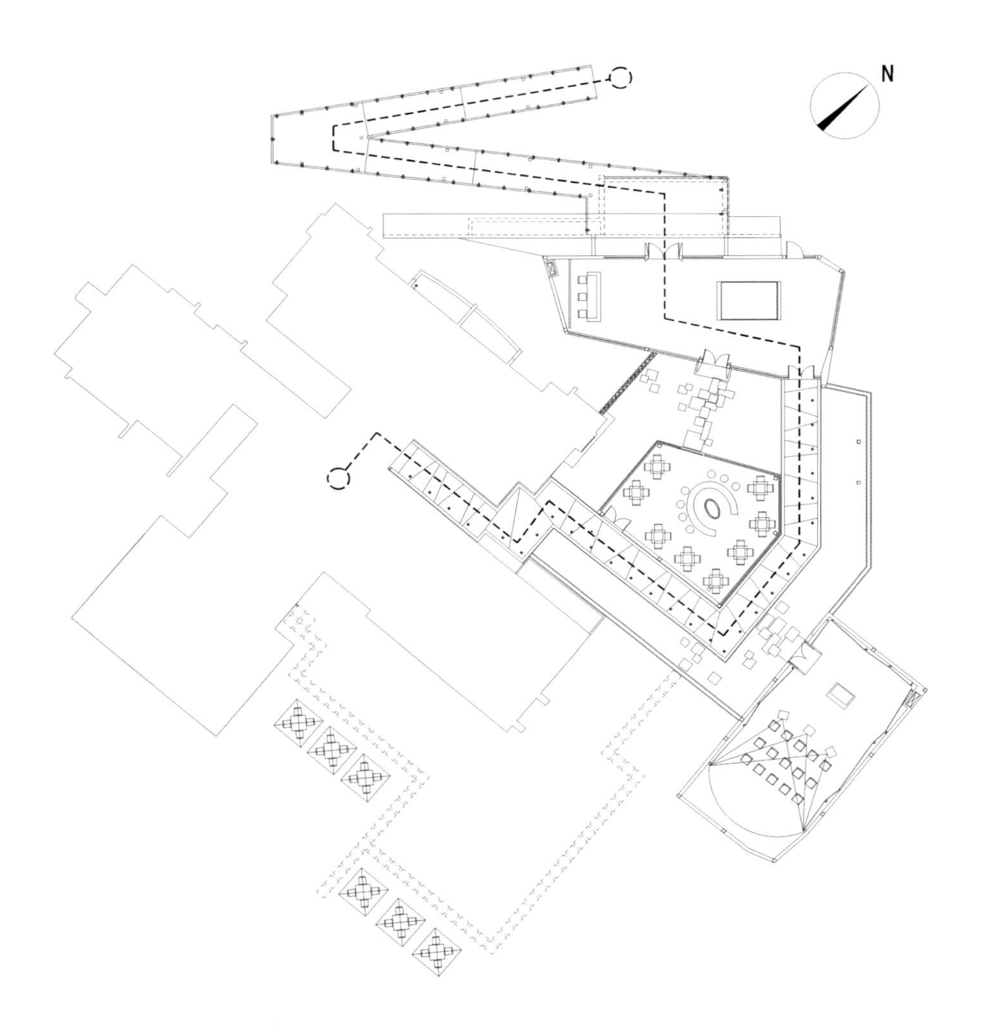

平面图

山顶公园
C5
C6
C7
C8

凯旋荟销售中心

设计机构：广州共生形态工程设计有限公司
客　　户：肇庆好世界房产发展有限公司
项目地址：广东肇庆
项目面积：263 平方米

项目位于风景优美的鼎湖山风景区，设计充分利用了现场的地形条件，挖掘基地的场所精神，并受此启发，创造出了一个内外统一、曲折有度的独特空间，旨在将场域的地理环境、优美的绿地和景致融入整座建筑的空间体验。

售楼部的设计巧妙地应用了山形折面，以“石”对应“山”，突出场地优越的地理环境。室内将原本单一的空间分解与重组，其折叠形式与质感呼应建筑外形特征，带来连续的空间体验。室内的家具在满足功能需求的同时，也与空间特质相得益彰。户外景观广场作为售楼部功能的延伸，将人们的视线引导至场地独特的地理环境。

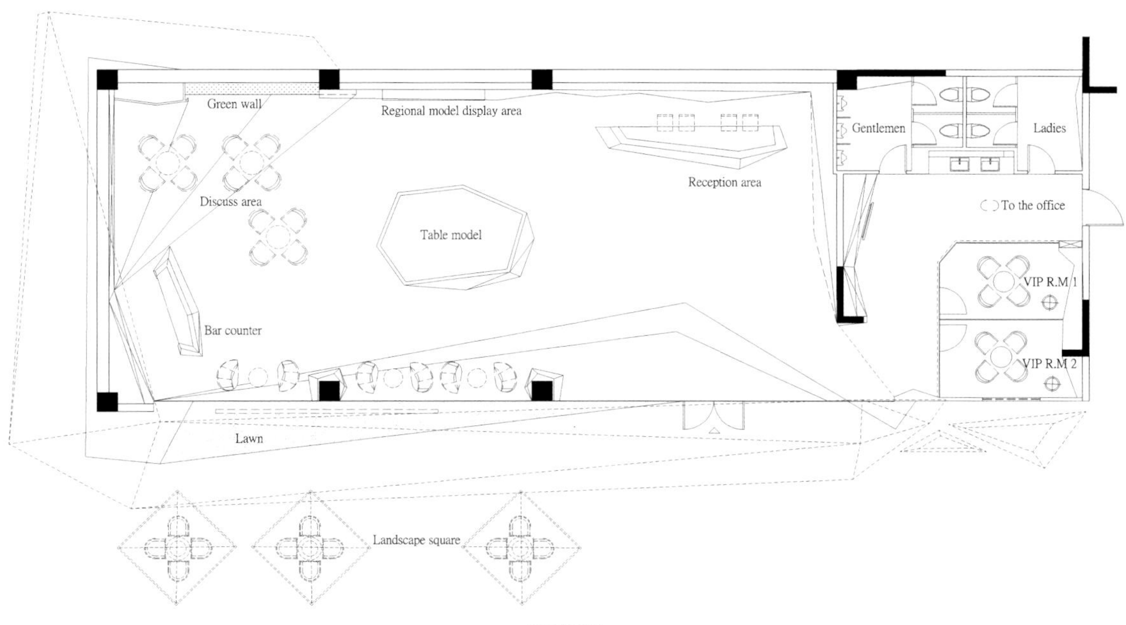
Green wall
Regional model display area
Gentlemen
Ladies
Reception area
To the office
Discuss area
Table model
VIP R.M 1
Bar counter
VIP R.M 2
Lawn
Landscape square

平面图

南海万科广场售楼部

设计机构：广州共生形态工程设计有限公司
设 计 师：彭 征 史鸿伟
项目地址：广东佛山
项目面积：1 200 平方米

南海万科广场是万科地产在 2013 年拓展商业地产领域业务的一个重点项目。项目由大型商场、休闲商业街、办公楼及住宅组成。本项目整体定位为具有国际化品质及时尚尖端销售体验的销售场所。其设计灵感来自抽象的几何山水作品。将自然界中的山水抽象演化成几何的线条，并转换到空间运用中去。设计元素和建筑外观保持了统一及变化。在材料运用上考虑到材料可回收性，且在施工上运用参数化软件对构件进行放样，以确保材料的最小损耗。

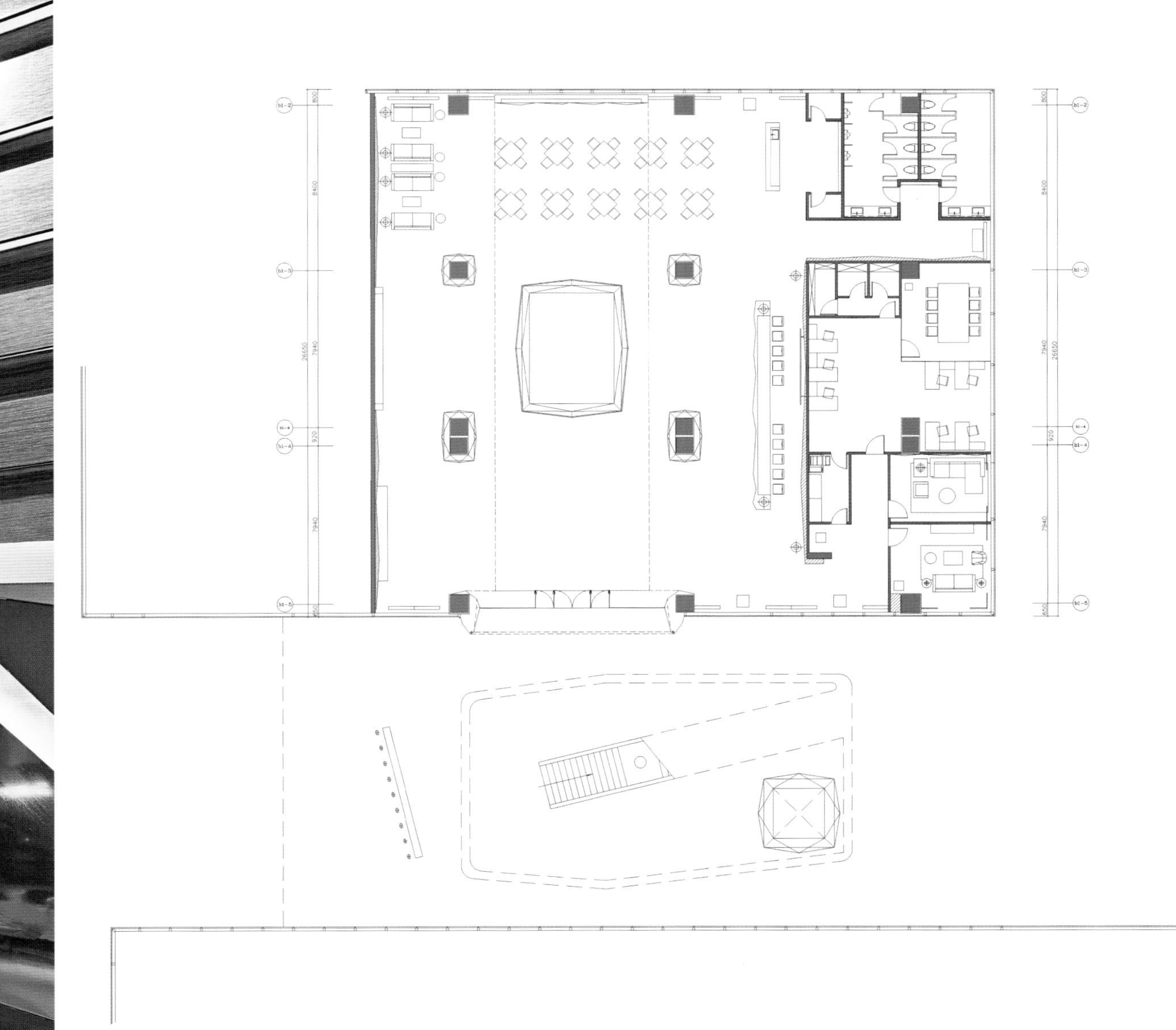

平面图

宇洋中央金座售楼部

设计机构：福建国广一叶建筑装饰设计工程有限公司
设 计 师：何华武
方案审定：叶 斌
项目地址：福建福州
项目面积：700 平方米

“内构”作为一种前沿的室内设计理念，由室外的建筑规划不断地引进室内，已成为室内构成规划设计的一部分。本案将城市的规划理念，用于室内功能的划分，以道路来贯穿连接不同形状的建筑。为避免不相关的元素和系统的简单并置，设计师运用了石材、金属漆与金刚板等材质，使其整体的线条干净利落、华而不俗，冷暖结合运用得恰到好处，所有元素和功能组织成为密不可分的整体，呈现出相互辉映的关联性。

FIRE

黄山元一大观山水间 SPA 会所

设计机构： 上海胜异设计顾问有限公司
设 计 师： 姚胜虎 朱寿耀 叶作源
项目地址： 安徽黄山
项目面积： 2 500 平方米
摄　　影： 周跃东

黄山元一大观山水间 SPA 会所位于黄山市元一大观内的西北角，面临新安江。山水间冠名时就借用其中的意境，意在山水之间也。

设计意在营造一个充满东方禅意的静逸养生之所，在山水之间放松身心，感悟生活的本质。

在满足各配套功能区的前提下，设计师对空间的布局，引用了中国建筑传统的人居理念之精神，以对仗工整、阵列之次序、曲径通幽、移步换景等表现手法赋予了山水间 SPA 各功能区以私密性和宁静感。

在山水与虫鸣之间感悟人生，在宁静与充满香气的氛围中释放心灵，在柔和的光与影间，所有关于舒适、浪漫、向往与归属的梦境都凝结在其中，在这里，自然方是一切。

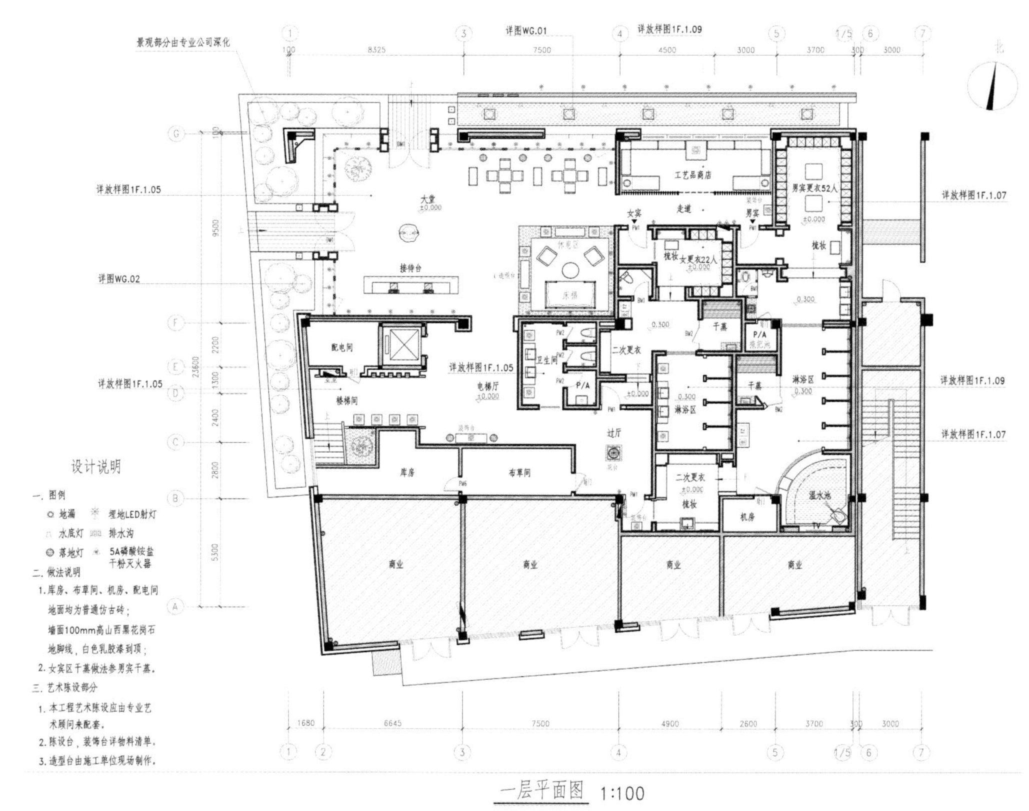

一层平面图 1:100

京投银泰宁波东钱湖悦府一期高端私人会所售楼处——悦府会

设计机构：深圳市昊泽空间设计有限公司
设 计 师：韩 松
项目地址：浙江宁波
项目面积：850 平方米
摄　　影：江河摄影

本项目以柏悦酒店为依托，傍依宁波东钱湖自然景区，独享小普陀、南宋石刻群等自然人文景观资源，地理位置无可比拟。

在空间和视觉上，本项目与柏悦酒店完美对接；在空间上以中国建筑传统的空间序列强化东方式的礼仪感和尊贵感；在工艺上通过考究的材料和独具匠心的工艺细节，以简约的黑白搭配一气呵成，展现了东钱湖烟雨蒙蒙、水墨沁染的气韵。

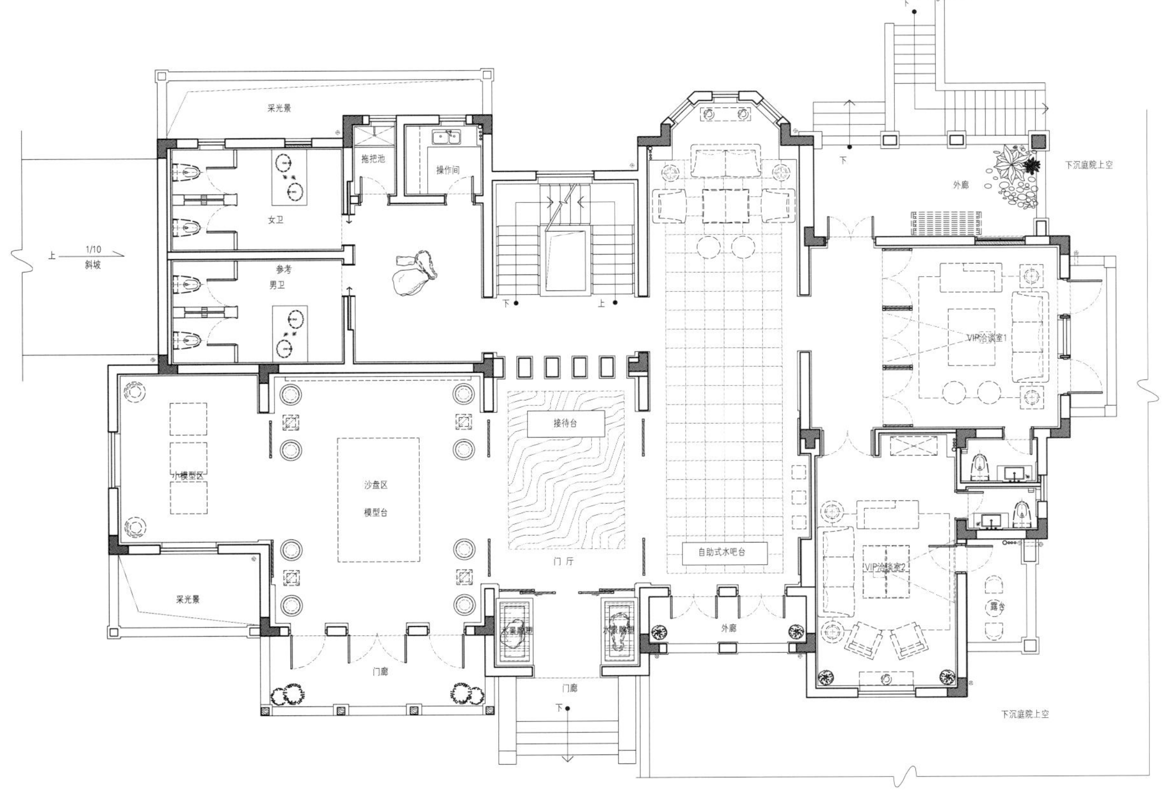
采光景
拖把池
操作间
女卫
参考
男卫
上
1/10
斜坡
下
上
小模型区
沙盘区
模型台
接待台
门厅
采光景
门廊
门廊
下
自助式水吧台
外廊
外廊
下沉庭院上空
VIP洽谈室1
VIP洽谈室2
露台
下沉庭院上空

平面图

福清裕荣汇销售中心

设计机构：福建品川装饰设计工程有限公司
设 计 师：郑陈顺
项目地址：福建福清
项目面积：1 400 平方米

蔓延的弧线若行云流水般颤动，视线在彰显不规则美的空间中流连。该项目凸显了现代扎哈风格的设计理念，新的结构、新的视点，带来一场视觉上的狂欢盛宴。灰色与白色两种色调的搭配，塑造出大气简约的空间气质；光滑简明的玻璃钢柱子和灰色的仿古砖地面配合现代简约风格的家具，将空间的风格特征表现得淋漓尽致。地面与天花板的弧线交相辉映，如流水般延伸而去，带来视觉上的享受与空间的美感。

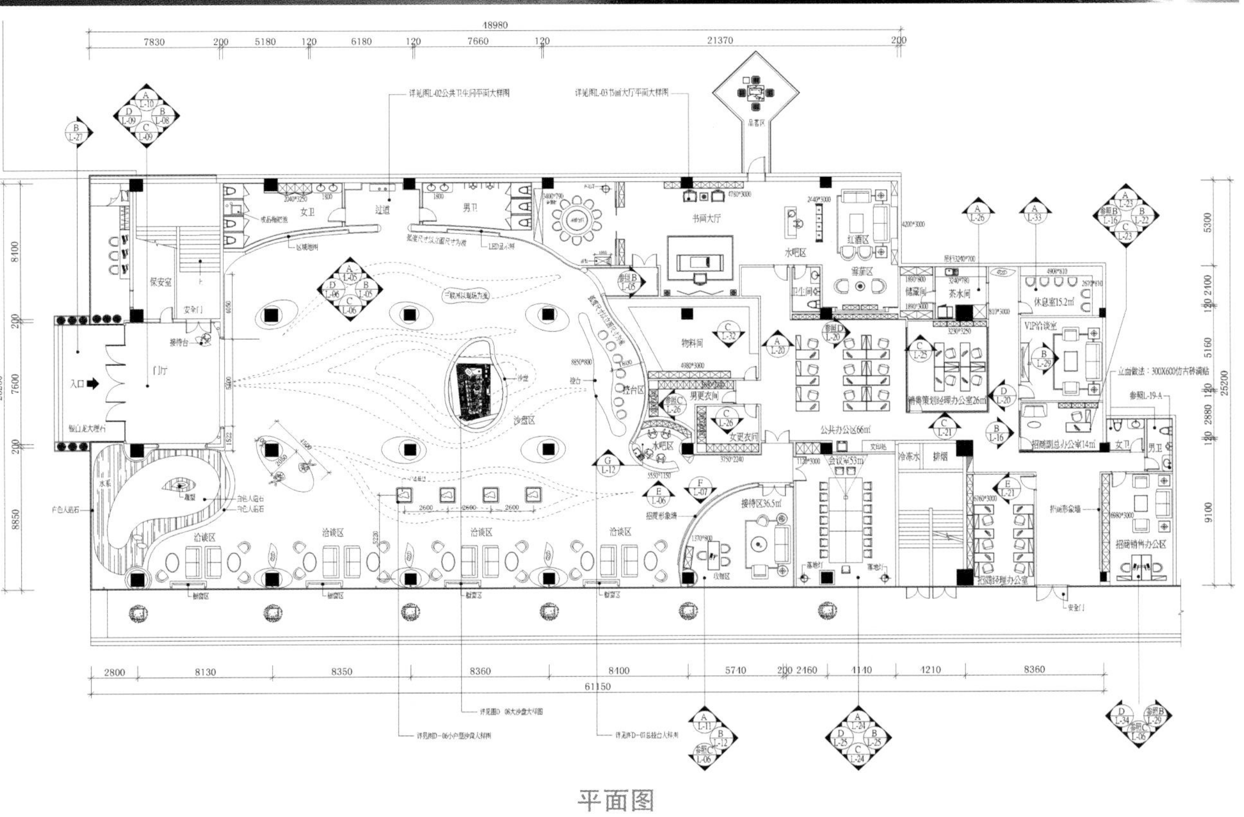

平面图

裕荣汇

裕荣汇营销中心

商业

久保田

ROCA伦敦展厅

设计机构：扎哈·哈迪德设计机构
设 计 师：Woody Yao，Maha Kutay
项目地址：英国伦敦
项目面积：1 100 平方米
客　　户：ROCA 有限公司
摄　　影：Hufton + Crow

赢得斯特灵建筑奖的扎哈·哈迪德设计机构设计了位于英皇大道附近著名的切尔西港的 ROCA 伦敦展厅。ROCA 是一个全球领先的卫浴品牌，通过其著名的创新实验室，致力研发尖端的高科技产品，持续树立行业基准，突出其市场领导者的地位。

ROCA 伦敦展厅体现了其对于创新设计、可持续性及幸福感的承诺，并为游客们提供了一个交互式的视觉体验。其设计灵感来自水的不同形态，其起伏的形式，利用水的形状，雕刻出如水滴流过的造型。该展厅提供了独特的品牌体验，游客可以在那里了解品牌的价值以及感受创新的设计激情。

尼尔·巴雷特"店中店"

设计机构：扎哈·哈迪德设计机构
客　　户：尼尔·巴雷特
项目地址：韩国首尔、中国香港
摄　　影：V S Bertrand

"店中店"的设计理念源自于一个奇特的、有凝聚力的、分为 16 个独立部分的项目。然后从这些独立部分的元素中选择并安装到首尔店及香港店的 4 个尼尔·巴雷特店中，使每个店都具有独特的景观展示。每个单独元素都是原整体元素的一部分，以确保每家店铺维持与其他尼尔·巴雷特"店中店"的位置关系的统一和协调。

这些独立部分已从原来的固有形态被雕刻、打磨成具有层次感的人工景观。尼尔·巴雷特东京旗舰店采用了相同的设计原则：从独特的表皮剥落、扭曲和交叠，扩展到将双重曲率和旋转集合在一起。

NEIL BARRETT

COSMOSDIREKT店铺设计

设计机构：Dan Pearlman
设 计 师：Marcus Fischer
客　　户：COSMOSDIREKT
项目地址：德国萨尔布吕肯
摄　　影：diephotodesigner.de

一家网上保险供应商在现实中有品牌大使？德国最大的保险公司首次在游客中心开展进入 COSMOSDIREKT 物理空间的品牌体验。

在这里，萨尔布吕肯的首位 COSMOS 保险代理人与萨尔州地区的客户握手。COSMOSDIREKT 的员工一路上充满激情地陪着 COSMOSDIREKT 走向现实、设计出自己的品牌并根据保险业者的观念向社会推广。

Ausgezeichnet
Unser Anspruch
Bestens versichert für wenig Geld
Willkommen
Capital
Testsieger
Höchste garantierte Rente
map-report
Bestnote mmm
Spitzenplatz
Platz 1
1. Platz
HERVORRAGEND
Höchste mögliche Kapitalleistung

O_2 旗舰店

设计机构：Dan Pearlman
项目地址：德国慕尼黑

为了满足移动通信更新换代的需求，位于慕尼黑玛利亚广场的 O_2 旗舰店应运而生。对自我、共同决策制的愿望，对日常生活“减速”的渴望以及对个性化的服务和情感联系的追求都在这个项目中得以体现。

O_2 旗舰店是根据其自身原理运营的，其通信功能就如空气提供呼吸所需要的氧气一样理所当然。关于 O_2 旗舰店，它不仅仅是店面设计，更是有关开发智能世界的一个概念，其中的展品、媒体设备、灯光、音响和气味等环环相扣，相互作用。设计师的工作范围涵盖了从概念的萌发和规划到艺术理念的切实执行之间的所有环节。

O_2 LOOP-Kasse
Zubehör
Beratung
flexibel
Handys

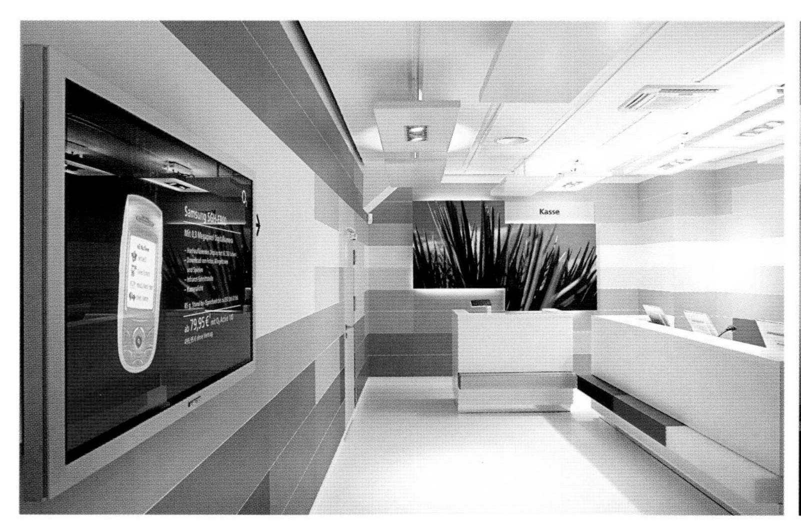
Kasse

Erfolg
Service
Transparenz
Business trifft O_2

深圳石油化工交易所

设 计 师：陈昆明
项目地址：广东深圳
项目面积：1 600 平方米

深圳石油化工交易所位于深圳前海深港现代服务业合作区，作为一家大型的、新型国际化企业的办公空间，设计者没有一味地追求复杂的设计、富丽堂皇的造型，而是配合和谐的色调、配置足够的灯光、采用舒适而环保的材料，营造出既丰富又舒适明快的办公环境，让员工身处其中有“家”的感觉，从而提高工作效率，也使企业有一个良性的发展。

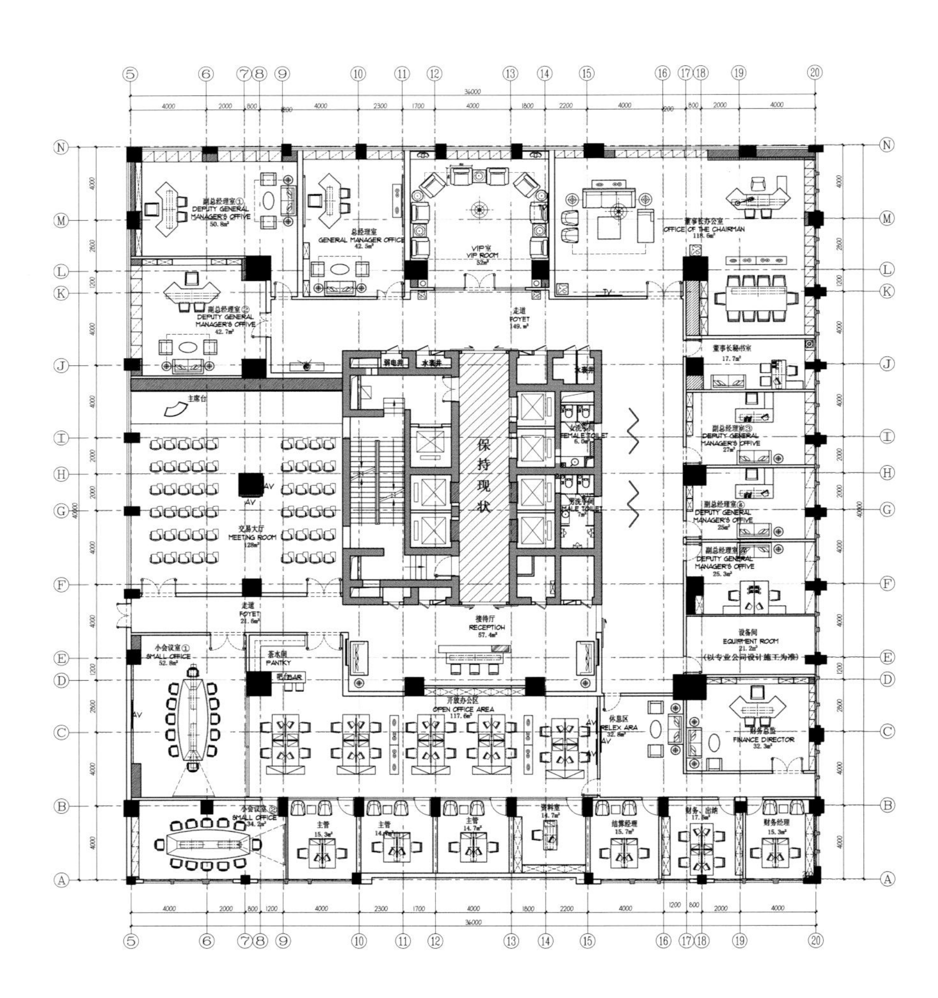

深圳石油化工交易所
Shenzhen Petrochemical Exchange

泊然澳洲精选生活馆

设计机构：福建品川装饰设计工程有限公司
项目地址：福建福州
项目面积：200 平方米

该项目坐落于繁华商贸中心，在林林总总的精品店中，以质朴的面貌脱颖而出，摒弃了绚烂的灯光和色彩营造的强烈的视觉效果。研究顾客心理，为每一个参观者带来舒适的感受，爱上空间，爱上设计，从而带来意想不到的感染力。

在材质上，运用质感强烈的文化石作为外观。选用整面墙体，以蓝色玻璃落地窗为创意，若隐若现，引人入胜，不经意间赋予通透的展示效果。多重考量项目展示的需要，最终选用棕色木质展示架、中央铁艺造型展示架。多种展架结构的设计，提高空间使用率，为空间提供了充分收纳以及产品展示功能，同时旨在还原澳式气息，用于烘托该项目所强调的“原生态、无污染”的宗旨。

pureplanet

VIVA 餐厅和 TAPAS 酒吧

设计机构：GRAFT 设计机构
客　　户：VIVA 餐饮有限公司
项目地址：德国柏林
项目面积：110 平方米
摄　　影：Hiepler Brunier Architektür fotografie

这家餐厅位于东柏林时尚中心地带的一座 19 世纪的旧建筑里，因此其设计方案要求在已有结构的基础上发展主题元素。GRAFT 设计机构专注于设计一个能够恰当诠释其周围空间的单一中心主题，同时赋予其多样化的功能：有餐桌、酒吧、小吃展示，并配有一个视频投影仪供顾客观看烹饪表演。

酒吧本身也是光的间接来源，酒吧内的 LED 灯具不断地散发出多彩变幻的光线，人的心情也会随之跌宕起伏。所有的休息区都围绕主题雕塑而设计，这样每一位客人无论是站着或坐着，在一张桌子旁或是酒吧间内都能欣赏到同样的景致。这些特征融合在一起为客人们注入了特别的能量，创造了一个独特的休闲空间。

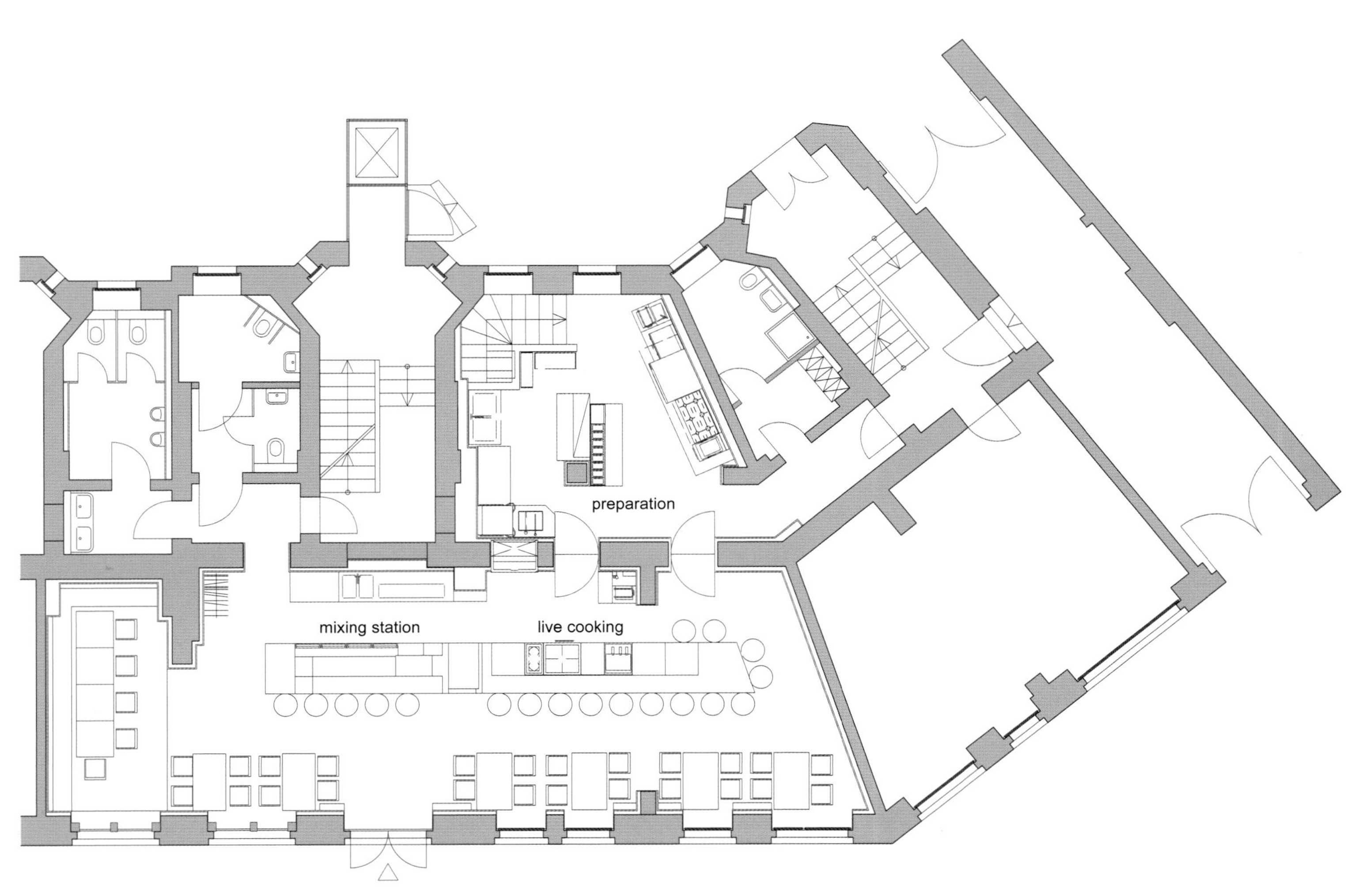

Floorplan M 1:100

平面图

EUROSHOP 2011展台设计

设计机构：Dan Pearlman
合作机构：Von Hagen GmbH & ICT Innovative Communication Technologies AG
设 计 师：Daniel Weidler
项目地址：德国杜塞尔多夫
项目面积：90 平方米
摄　　影：Nicola Roman Walbeck

2011 年的德国杜塞尔多夫零售展设计方案采用了由 Dan Pearlman 、Von Hagen 和 ICT 共同合作的展会设计理念。在“未来：思考”这个箴言的驱使下，创新与可持续发展的潮流趋势已不再局限于零售业。

展区的结构布置在智能技术上更加感性、直观、富有触感。为了突出展现各个主题部分，90 平方米的展览空间底层由简约化的三维网格组成。相对于冷色调的配色方案，材料高触感的表面和鲜艳的色彩则被设置为客户交流互动区，并设有接待处、休息室、酒吧和展示台。这些都使用了高质量的新材料，同时融入了智能应用程序或者多触点的桌子，供互动演示的直观操作以及管理客户交流。其上层空间应用了感官设计理念，不同的是这里的设计是以聚会为主，科技为辅。以“黑匣子”为主题的空间是专供公司团队或 VIP 客户使用的。

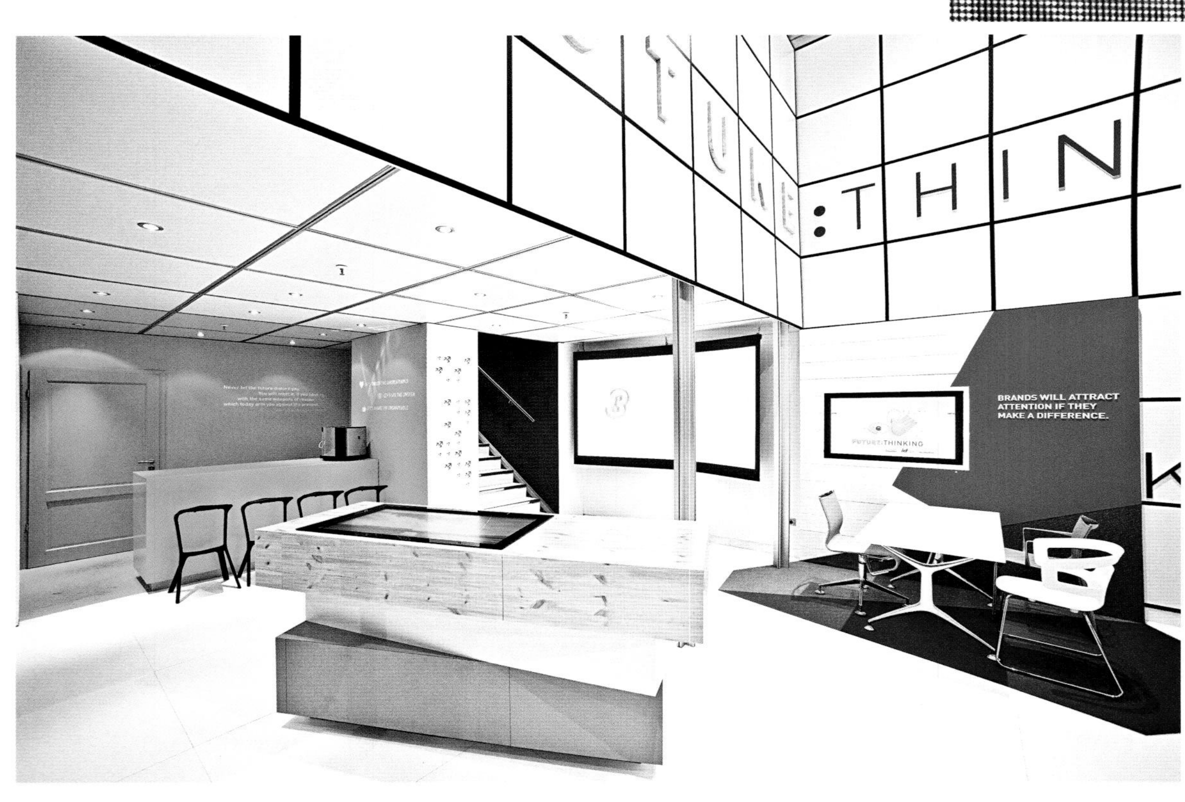

LET'S CREATE THE UNCREATEABLE
LET'S SEE THE UNSEEN
LET'S SHAPE THE UNSHAPEABLE
BRANDS WILL ATTRACT ATTENTION IF THEY MAKE A DIFFERENCE.

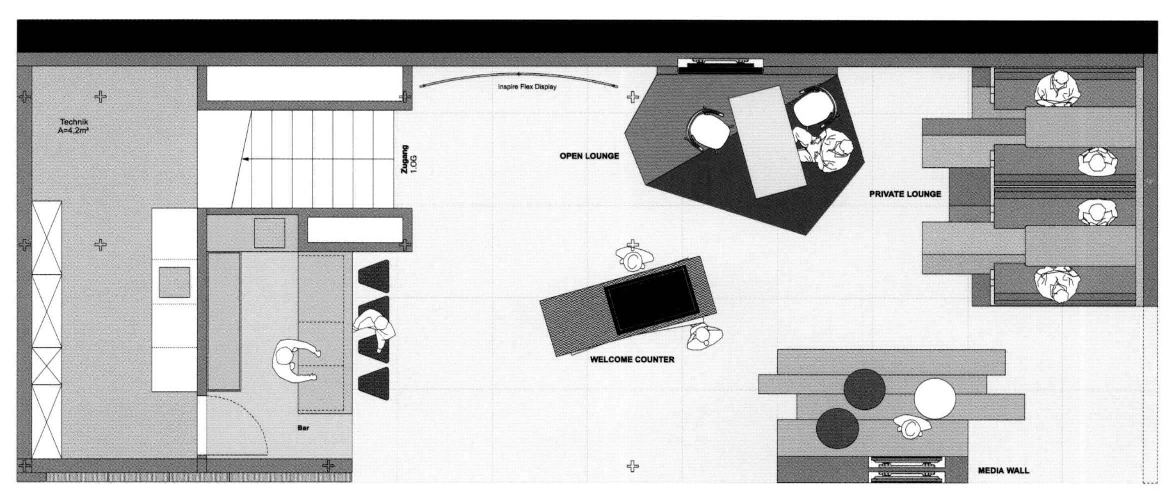
Technik
A=4,2m²
Inspire Flex Display
Zugang
1.OG
OPEN LOUNGE
PRIVATE LOUNGE
WELCOME COUNTER
Bar
MEDIA WALL

平面图

上海上德宝骏宝马 5S 店

设计机构：北京松原弘典建筑设计咨询有限公司
设 计 师：松原弘典 山口一紀 山田哲嗣 包立秋
项目地址：上海
项目面积：5 500 平方米
客　　户：中国 BMW
摄　　影：Nacása & Partners (加納英一)

项目位于上海市浦东新区西北面的一个住宅区内，其场地面积为 8 427 平方米，基地面积 4 207 平方米，建筑面积 15 078 平方米，北京松原弘典建筑设计咨询有限公司承担了其中约 5 500 平方米的室内设计部分。

BMW 店铺的共同要求，即要在强调 BMW “Efficient Dynamics”理念的基础上进行室内空间设计。其各店铺的设计既要遵循已有的标准，每次又要在重要的区域加以变化。位于上海的该项目仍是以金属网和线形照明为基调，但最终却是有异于之前北京的项目（BPI），是经过革新的“动感空间”。

SHANG DE BAO JUN
HE COFFEE

松本楼 北京国瑞城

设计机构：古鲁奇公司
设 计 师：利旭恒 季雯
客　　户：松本楼集团
项目地址：北京
项目面积：600 平方米
摄　　影：孙翔宇

设计师利旭恒运用了日本的太鼓、祈福牌、家族图腾，与相扑文化串联整体空间，灯光气氛营造出高档日餐的华丽与时尚感。多层次原木基调的日式祈福牌，在餐厅外墙面以类似装置艺术的方式呈现，构成一连串奇妙的视觉体验。来此用餐的客人可以在祈福牌上留下祈福语或愿望，给每位客人一个幸福的期待，由此顾客与餐厅有了共同的约定。

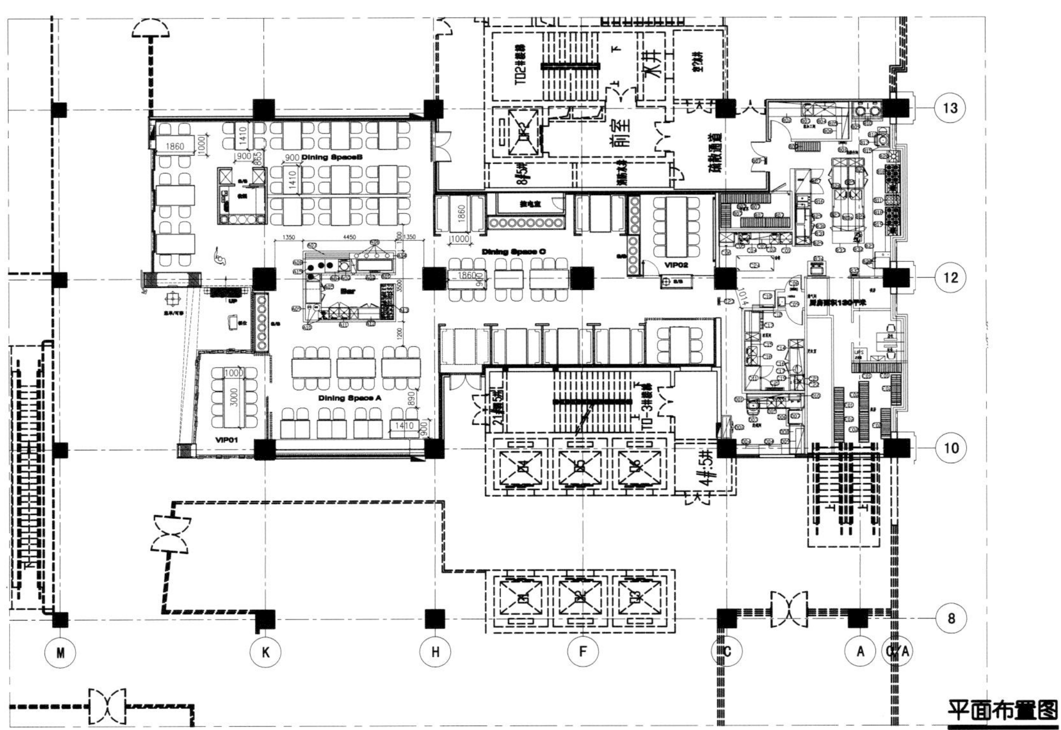
Dining SpaceB
Dining Space C
Dining Space A
Bar
VIP01
VIP02
前室
13
12
10
8
M
K
H
F
C
A

平面布置图

烧肉达人 上海五角场店

设计机构：古鲁奇公司
设 计 师：利旭恒 赵爽 季雯
项目地址：上海
项目面积：约 350 平方米
摄　　影：孙翔宇

在繁忙紧凑的都市生活里，人与人之间的疏离感已成为常态，设计师利旭恒希望营造出一个能暂时抽离生活中的孤寂情绪、让三五好友一同享受美食的场所。

本案面积约 350 平方米，这次整体空间围绕“时尚老上海风格”的概念进行规划，利用上海都市重建拆除的旧木材回收组装而成的窗扇、门片以及红砖墙拼凑出色彩斑驳的墙面，同时延续前几间店利用木炭来凸显烧肉的特色，设计上融合简约与复杂、传统与现代化的手法创造出丰富的景观层次。

设计师利用原建筑剪力墙结构，将用餐区分割成了两个风格迥异的空间，一边是法租界区思南公馆老洋楼的窗板，一边则是石库门中式红砖墙。透过剪力墙的几个窗口，两空间相互窥望，简单概念映射现今上海新旧混搭的都市窗景。

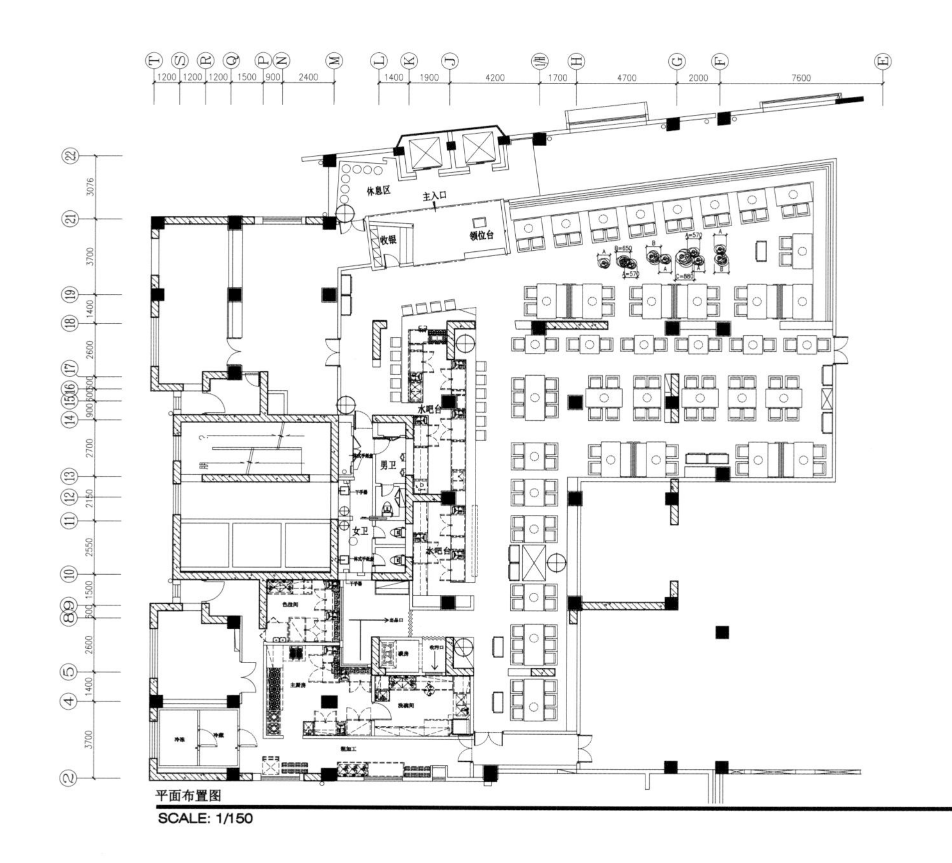

平面布置图　LAYOUT PLAN
SCALE: 1/150

风尚雅集餐厅

设计机构：无锡市上瑞元筑设计制作有限公司
设 计 师：冯嘉云
参与设计：高毅南
项目地址：江苏无锡
项目面积：1 000 平方米

本项目为多业态组合。风尚趋静的业态，为都市小资群体的聚集地。所以在空间营造上趋于简约明畅，同时亦在文化意蕴上有所彰显。首先，非常规的楔形总平面加上咖啡简餐、书店、创意产品的组合业态，决定平面布局与空间动线处理上，要采取相对灵活的创意。其次，在文化诉求中，甄选了明清之间金陵八家之一的高岑的《江山千里图》进行了现代感的拼接，画风的简淡雅致与清雅浑然的色彩，在形式上获得了高度一致，同时回归、知性、情调、个性的江南文化价值亦清晰展映，徒生了空间品质感。最后，在陈设运用上，强调了对立与和谐，突出空间表情的丰富性，如朴拙的瓮、石磨、卵石、斑驳的老木头、轻盈曼妙的织灯、纤细的干枝、生态的绿植、小巧的山水小品等。

风尚雅集会所

九里河餐厅

设 计 师：冯嘉云
参与设计：陆荣华
项目地址：江苏无锡
项目面积：2 200 平方米

步入其间，“生态的、生机的、有生命力的、葱茏的、积极阳光 ”的空间印象顿生。形成这一印象，既是对湿地公园大环境的附和，又是“低投入、高品质”的甲方预期，更是设计师对“生态”空间的深刻理解与娴熟的手法展现。首先，在平面布局上，在完成餐饮的功能之外，突出了体验型、休闲型、国际感的现代业态气质；其次，材料使用上，环保型材料大量使用，既顺应低碳潮流，又与“湿地公园”保持了精神属性的一致；最后，通过丰富、明快的色彩运用，花卉等植物意向的造型，自然肌理的呈现，勾画出富有生机的就餐环境的特质。

瑞泰银行

设计机构：BVD 设计机构
客　　户：瑞泰银行和人寿保险
项目地址：瑞典斯德哥尔摩
摄　　影：Ake E:son Lindman

未来的客户会晤将是怎样的形式？合同与私人业务签订的场合又会是怎样的建筑风格？BVD 设计与品牌推广机构将互动技术、天然材料和创新设计方案结合在一起，在斯德哥尔摩中心瑞典银行的新分支创建了一个多功能空间。瑞泰集团在零售业模式的启发下创造了一种新型的银行业务模式，这在金融领域独树一帜。

KATY HAVE A LOFT

设计机构：台北基础设计
设 计 师：黄鹏霖 黄怀德
参与设计：黄恺钧
项目地址：中国台湾台北
项目面积：198.3 平方米

KATY HAVE A LOFT，此种商业模式在目前的市场上并不普及。在同一个空间里要完整呈现出三种不同的消费形态，对整体设计而言是一大考验，加上空间本身为 "U" 形结构，又有楼高地矮和内部高低的问题，整体设计难度更上一层。

运用不规则墙面折板和不规则柱体，将原有问题转化为空间趣味，给消费者一个不同的空间体验。

户外以大面积落地窗纳入采光，增加视觉的延伸深度，外墙做纯白处理，强调临近建筑物的视觉差异，将企业识别系统的运用延伸至大门把手以及入门迎宾的小招牌，在简约中夹带触觉及视觉的趣味。

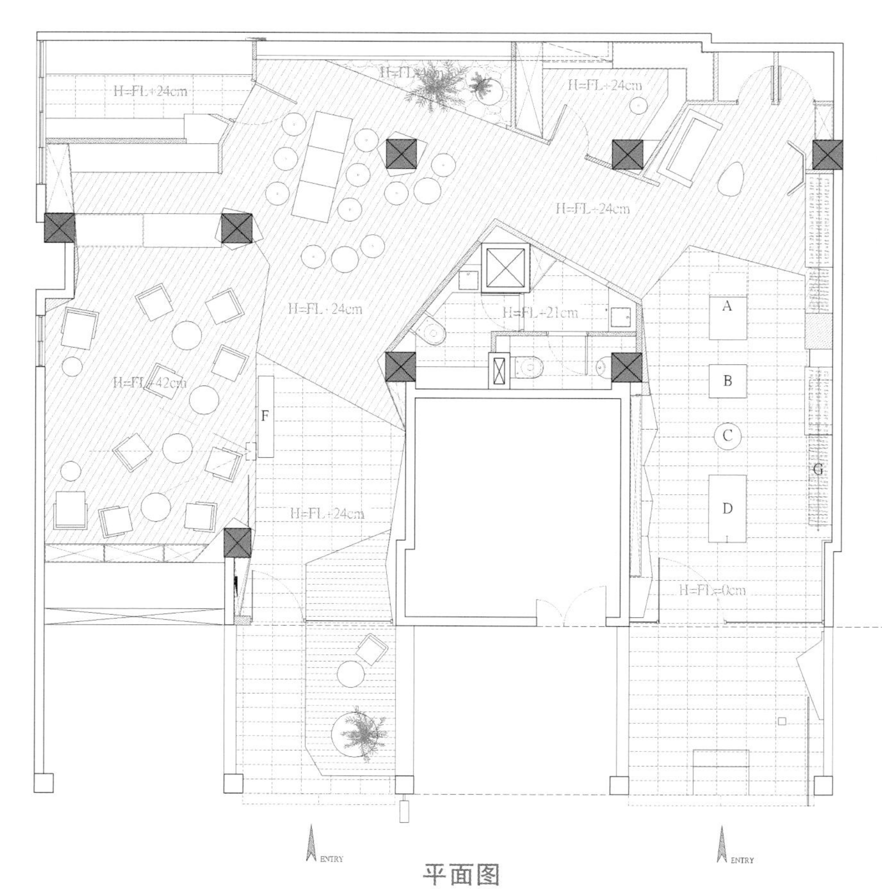

建筑物分界线

平面图

EDENS——拉斯维加斯商业地产博览会

设计机构：Lorenc+Yoo Design
设 计 师：Jan Lorenc，Chung Youl Yoo, Roswell Georgia
项目地址：美国拉斯维加斯
摄　　影：Jamie Padgett
客　　户：EDENS 社区零售房地产开发公司

由于此案中参展商的产品为购物中心，体形较大，需要通过照片、视频和平面图来展示，而此次展会的目的本质上是为开发商提供一次与零售商接触和合作的流动机遇，让双方能够签订关于私人会场和团队会场的租赁合同。由于产品的特殊性，此次展会以模型展出为主。展会使得消费者对参展商所展示的产品和服务产生信任，从而诱导了购买行为的产生。

Lorenc + Yoo Design 参与设计全球商业地产博览会 EDENS 展会超过 15 年，今年的设计融入了更多与 EDENS 新总部办公室一致的现代风格。在此之前，他们的设计都是更趋于传统而古典的设计方式的，相对比之下，此次设计更富有活力，设计主旨更简单、生动而色彩斑斓。

EDENS

ENS
RETAIL
CHANGE
COMMUNITY
VITAL
EDENS
EDENS

10

EDENS

七叶和茶横滨分店

设计机构：KAMITOPEN 建筑设计事务所
建筑机构：Tub 工作室有限公司
项目地址：日本横滨
项目面积：90.371 平方米
摄　　影：Keisuke Miyamoto

水墨画是没有色彩的画作，通过墨和水来营造出光影效果，或者通过笔锋力度来创造寓意深刻、整洁简单的作品。观者能够通过画作感受其无限之美。这种没有色彩的创作被称为“残缺之美”。

七叶和茶横滨分店茶室的设计灵感正是来自于水墨画。设计师将竹子的颜色进行了转换，然后从绿色到黑色，随意地放置在店里（就像水墨画的渐变一般）。顾客进入茶室的时候，就会先经过这样一片水墨竹林，然后再回到现代风格的茶室，入座品茗。

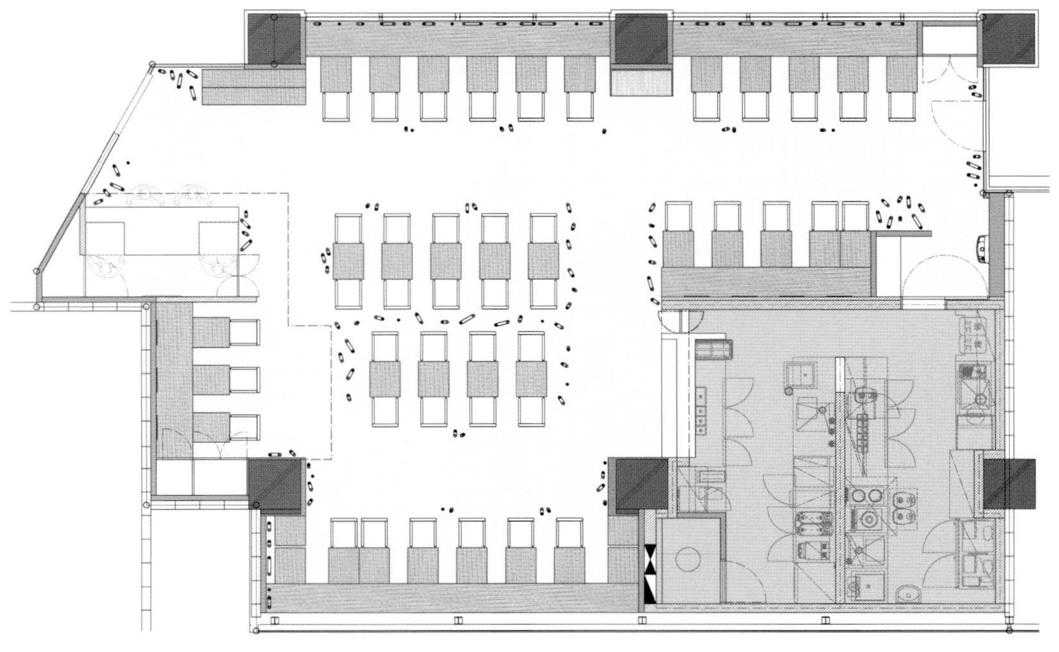

平面图

A1 商店

设计机构：BEHF
项目代表：Armin Ebner
项目管理：Mario Gabric
客　　户：奥地利 A1 电信集团
项目地址：奥地利维也纳
项目面积：730 平方米
摄　　影：Bruno Klomfor

2010 年，奥地利移动通信公司和奥地利电信公司合并。2011 年 6 月份，所有的商店都根据 BEHF 设计的 A1 品牌风格进行了设计。A1 商店新的品牌价值观是：简约、亲近顾客和富有开创性。

柜台中央位置的设计标志着面对面产品交易旧模式的终结，咨询区、顾客交流区和等待区被设计成分散式的，A1 的职员遍布在整个空间当中，这些设计打造出顾客与职员之间一种全新的感知交流关系。

Einfach A1.
A1
A1
A1
60

Kombis
Einfach A1.
A1
Bfree

ernet
Einfach mit Gigaspeed lossurfen.
A1

米兰SERGIO ROSSI男鞋展

设计机构：Antonino Cardillo 设计机构
设 计 师：Antonino Cardillo
项目顾问：Suzanne Trocmé
客　　户：Sergio Rossi 品牌和《Wallpaper》 杂志
项目地址：意大利米兰
项目面积：60 平方米

米兰家具展期间，《Wallpaper》杂志和 Sergio Rossi 鞋类品牌也加入了潮流队伍，推出一个巡展男鞋专卖店。该专柜由著名的意大利西西里建筑师 Antonino Cardillo 设计。店内教堂般的陈列设置，是一个由红木和波浪般的天鹅绒材料组建而成的艺术品，其目的是向品牌创始人 Sergio Rossi —— 一个在发现之旅中不断探索前进的独立的自由思想家致敬。

临时展示架的设计灵感源自昏暗虚空的剧场环境。被天鹅绒窗帘柔化的线性形式，呼应着现代主义建筑风格。

"Sergio Rossi e Wallpaper*
collaborano per aprire un negozio di
calzature maschili ispirato all'essenza
dell'uomo "Sergio Rossi": maschio,
sicuro nel gioco della seduzione,
riflesso dell'eleganza italiana
disinvolta. Il negozio è stato ideato da
uno dei talenti più giovani e più
acclamati dalla critica dell'architettura
italiana, Cardillo. Sono
presentate collezioni che reinventano
le rappresentano
l'impegno di Sergio Rossi per
l'incessante zione stilistica dei

透视图

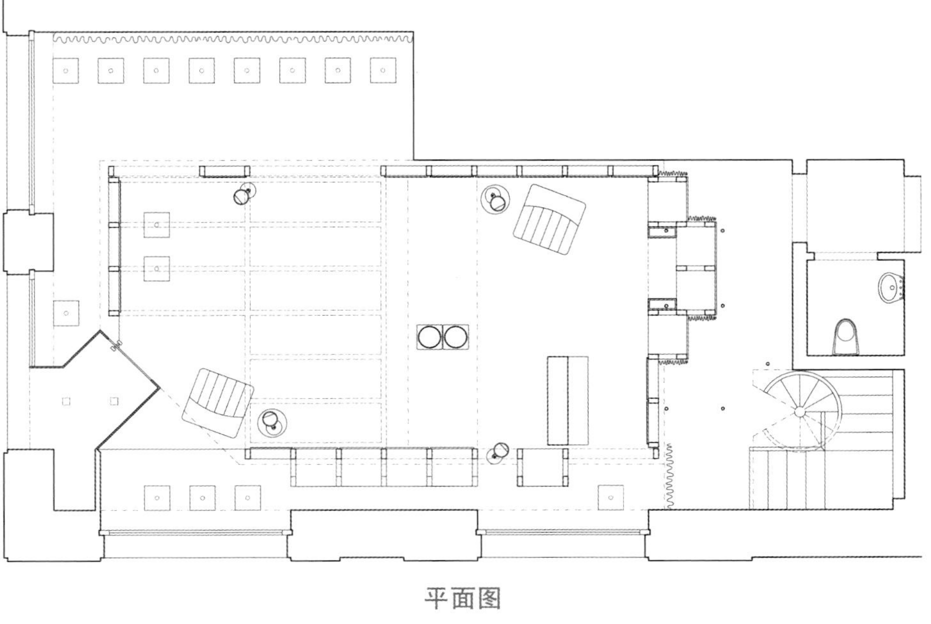

平面图

麻辣诱惑 上海虹口龙之梦

设计机构：古鲁奇公司
设 计 师：利旭恒 赵爽 郑雅楠 季雯
项目地址：上海
项目面积：850 平方米
摄　　影：孙翔宇

麻辣诱惑位于上海虹口龙之梦，业主期望将女性体态曲线的柔美移植到空间概念中，设计师利旭恒考虑移植原有品牌语汇的同时加入中国太极的概念，即在原有阴柔的基础上融入阳刚的多角砖堆砌，利用太极阴阳虚实的关系，寻找一种堆砌与互补的秩序及空间填充的概念。

餐厅用餐空间分割成三个区域，两个元素。白色曲线板之间的镜子强调了太极“阴”与“虚”的女性概念，曲线的构成来自麻辣诱惑品牌 LOGO。设计师运用现代的手法演绎品牌形象女性曲线的基本结构，墙与顶面大量的曲线强调了人体美学，横面的曲线来自纵向曲线的叠层，借此强调女性躯体曲线之美的结构所带来的简单和自然。

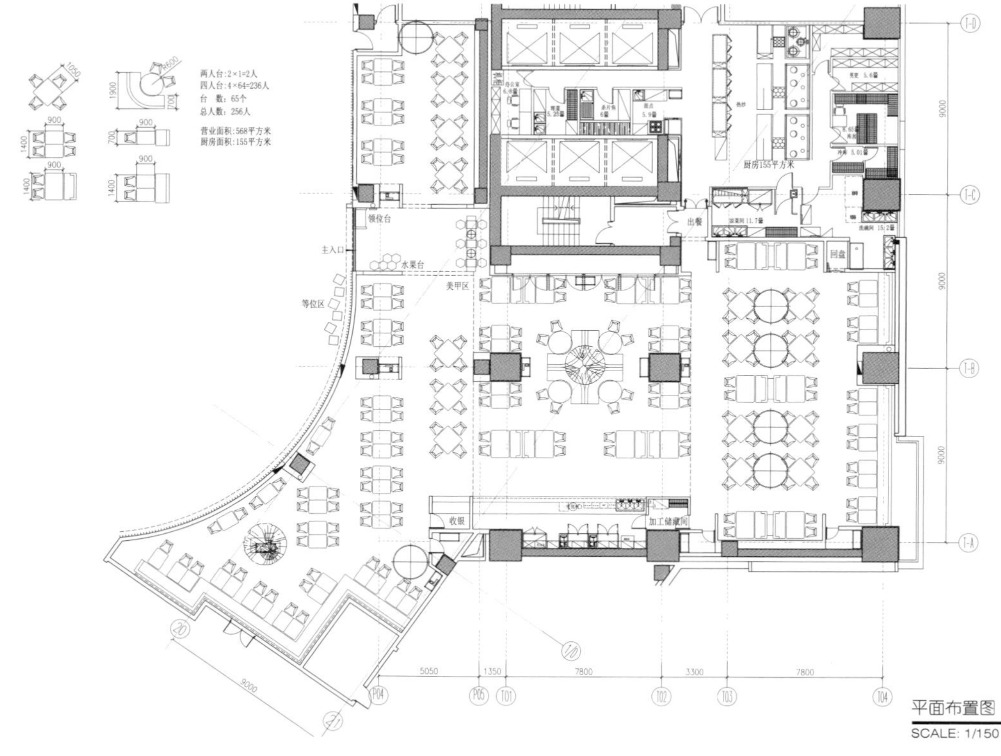

平面布置图
SCALE: 1/150

HOLYFIELDS餐厅

设计机构：Ippolito Fleitz Group GmbH
项目地址：德国法兰克福
项目面积：459 平方米
摄　　影：Zooey Braun

HOLYFIELDS 是一个具备全新餐饮理念的餐厅。业主委托设计师为其设计独特的、模块化的形象与空间。凭借其创新的餐饮理念，HOLYFIELDS 为挑剔的城市客户带来全新的美食系统。这里的食物满足快速、美味、有营养的特点，同时视觉冲击力也够强。不同的座位区满足了各种客人的需求，不论是出来吃个便餐，朋友小聚，又或是进行更大的聚餐。新的系统尽可能地让客人花更多的时间在用餐上而不是排队上。入口有 10 个图文并茂的点菜触摸屏，客人在这里任选一个进行点菜操作，拿到电子票单后可以去座位上等候，当菜做好时，接到通知，再去窗口取餐。在这样良好的设计环境中，客户能得到更多的休息时间。

time to eat

MARY

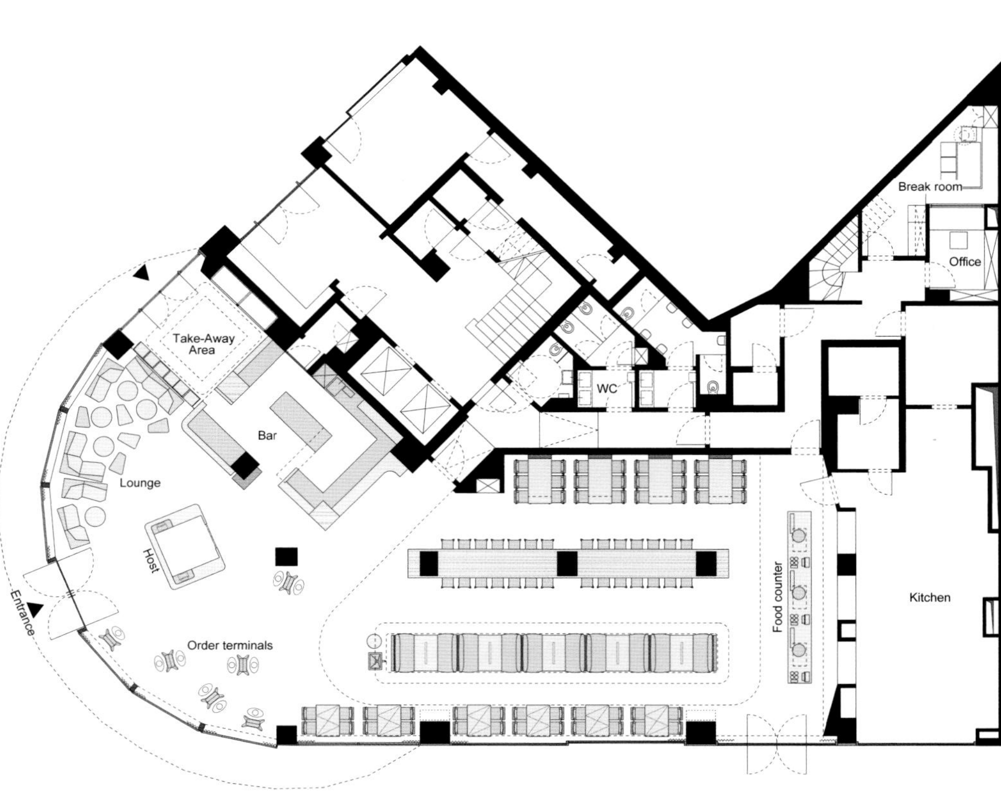
Break room
Office
Take-Away Area
WC
Bar
Lounge
Host
Entrance
Order terminals
Food counter
Kitchen

平面图

holyfields

holywater

holyfields

KRONVERK电影院

设计机构： Robert Majkut
项目地址： 俄罗斯莫斯科
项目面积： 1 045 平方米
摄　　影： Andrey Cordelianu

KRONVERK 电影院是俄罗斯城市中一家领导性的品牌数字影院，它在俄罗斯的主要城市中一共拥有 15 家影院，乌克兰有 1 家。

设计师 Robert Majkut 设计了莫斯科的这家影院，它在空间组织和视觉识别上，将新影院和已存在的影院融合到一起，Robert Majkut 的优秀设计理念使这个品牌与市场上的其他品牌很好地区分开来。

影院的标志因其流畅的外形和平衡的色彩为人所知，项目所呈现的空间几何形状以有序的线条为主，这种灵感来源于影院的商标上的皇冠线条，线条之间的重叠交错创造出一个灵活的矩阵形式，成了空间模块不可分割的一部分。每面墙体和天花板都有相同的矩阵，使人一看到就会联想到品牌的标志。

EPES
PEPSI
ОНА ВСЕГДА В
ГОРЯЧЕЙ ТОЧКЕ
АГЕНТ
ДЖОННИ
ИНГЛИШ
С 15 СЕНТЯБРЯ

ИНФОРМАЦИЯ

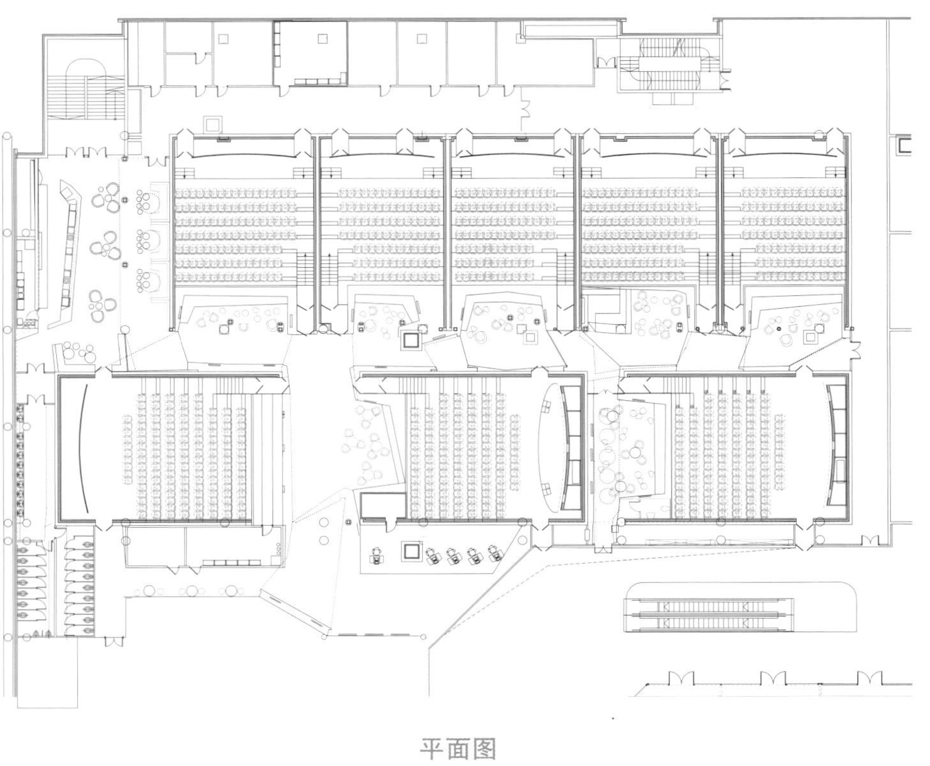

平面图

天津市耳朵眼餐厅

设计机构：葵美树环境艺术设计有限公司
设计总监：彭 宇
艺术总监：许 亮
设 计 师：黄海东 陈 丁
项目地址：天津
项目面积：3 000 平方米

在天津的很多地方，你都能感受到特有的 ARTDECO 风格所带来的历史沉淀。而本案正坐落于天津一个著名的古建群区域——鼓楼。耳朵眼炸糕作为天津的三大名小吃之一，设计师在本项目建设中力求实现其高贵与历史的结合。设计风格上以 ARTDECO 海派的手法为主，点缀以中式的浑厚。材料上大量采用天然石材与皮革相结合以及贯穿整个空间的金色，相互穿插呼应，演绎一场天津特有的 ARTDECO 风格所带来的视觉盛宴。

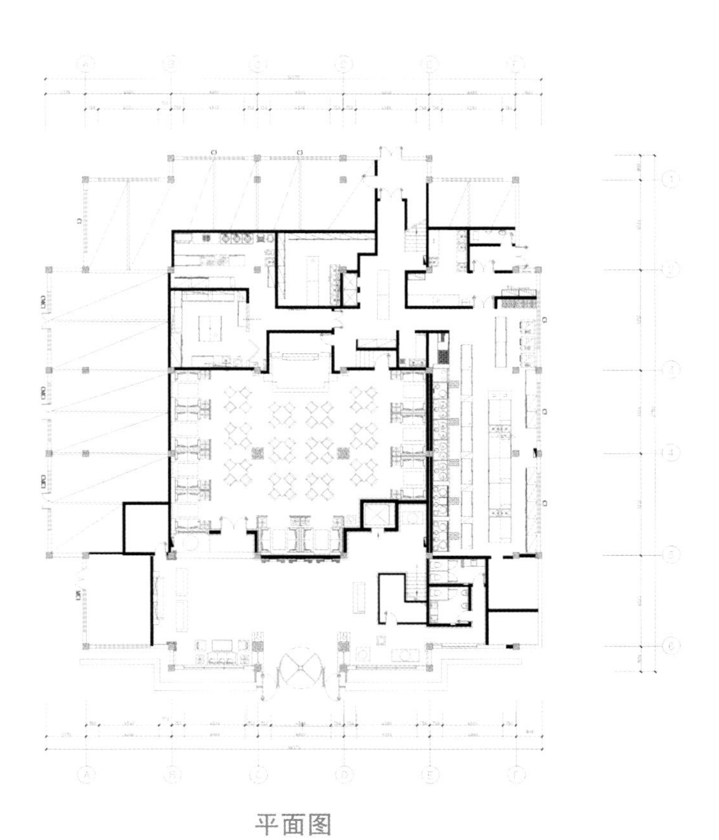

平面图

艺术交流文化馆

设计机构：Louis Paillard 建筑和城市规划事务所
设 计 师：Jeff Walk
项目地址：法国巴黎

艺术交流文化馆位于巴黎的 rue St Honoré 街区引人注目的地带，本项目的设计灵感来自美国的艺术家 Dan Graham ，他曾经在他的作品当中提出了关于私人空间和公共空间的关系，也提到艺术和社会当中观者的感知问题，这个项目的设计正是这种理念的映射和融合。设计师在项目中融入了抛光镜面雕塑的运用，他希望在雕塑中抨击、影射社会的不良现象，也让每一位观赏者都能看见自身存在的缺点。人造光的布置让这个文化商店的橱窗展示更加引人注目，设计灵感来源于馆中每两面镜子之间的互相反射。

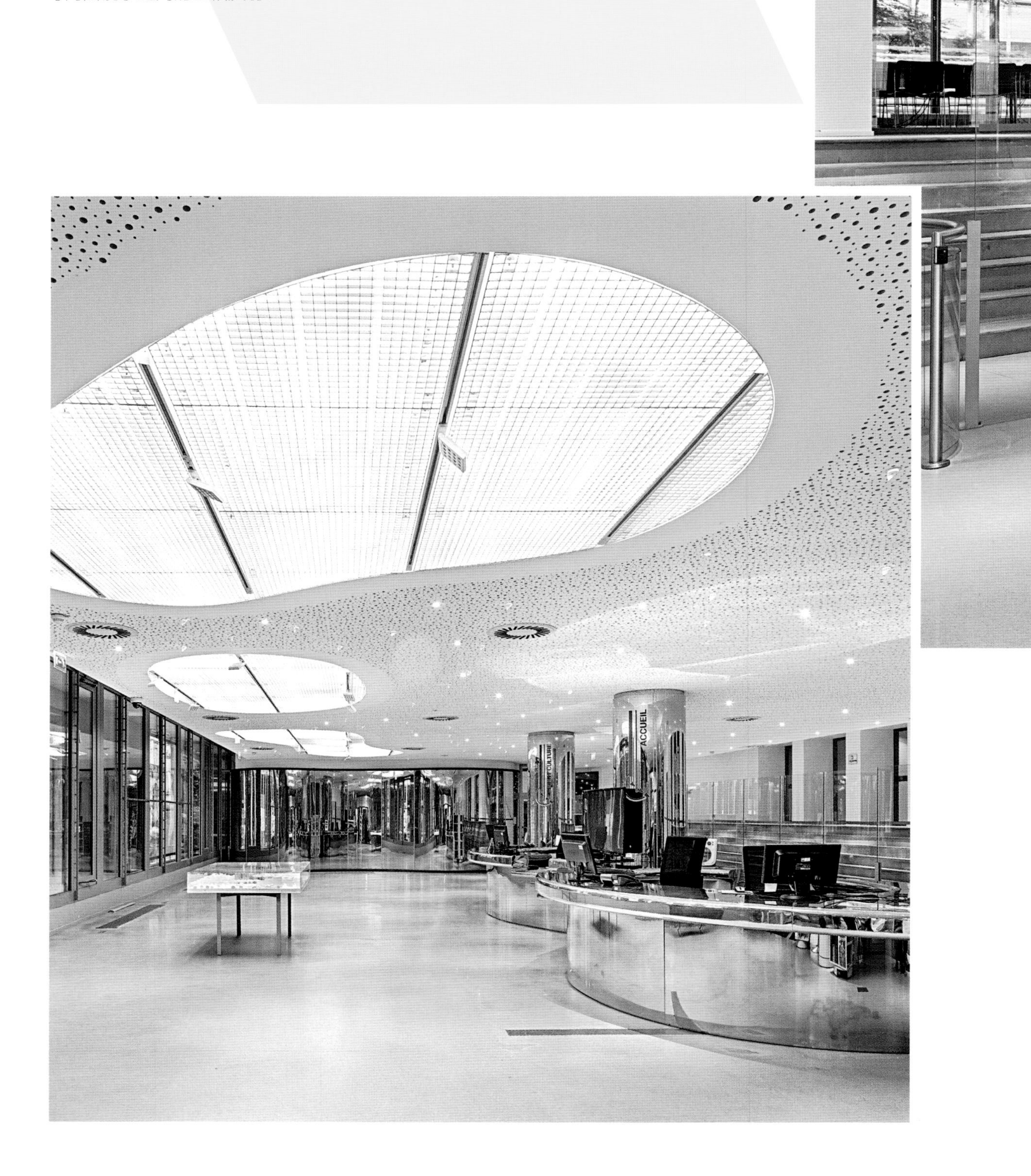

共用空间办公中心

设计机构：Igor Sirotov Architect
项目面积：750 平方米

共用空间共规划了 126~130 个工作空间，包括了 1 个 36 人间（有 1 个多媒体空间和打印区域、图书馆）、2 个小的会议室，还有可容纳 10 人的会议室、3 个可容纳 60 人的阶梯工作间、1 个招待室、1 个更衣室，另外还有洗手间和吸烟室。

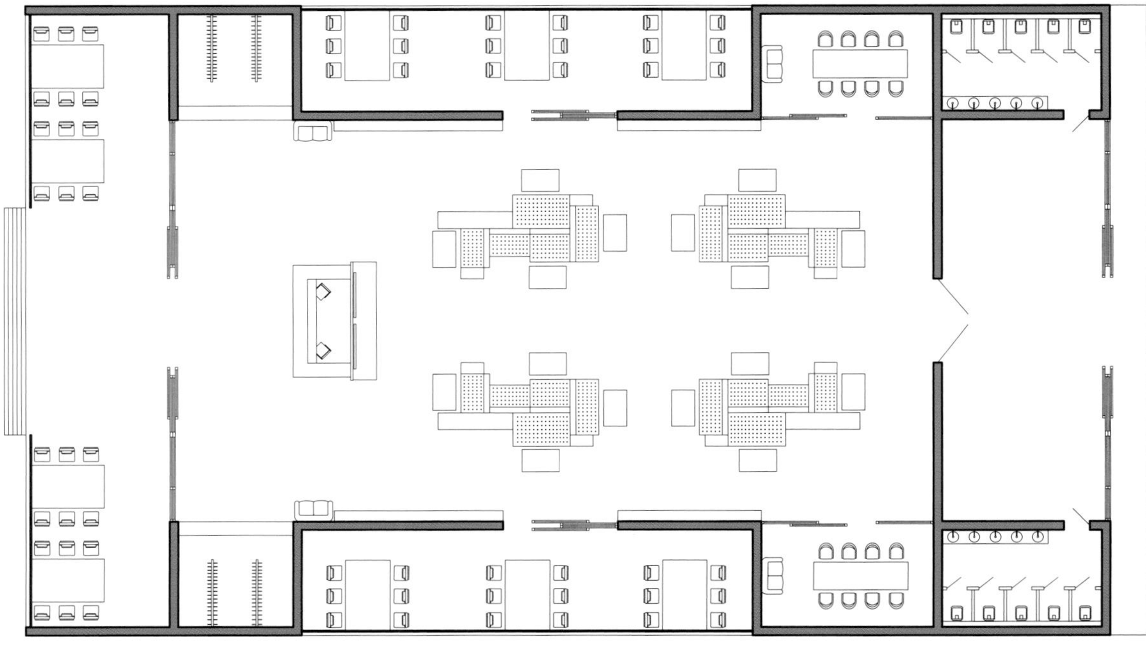

平面图

大董金宝汇店

设计机构：北京山川启示室内设计事务所
项目地址：北京
项目面积：3 000 平方米
摄　　影：蒋晓维

应物象形，以形写神，始于形似，终于写神，达到形神兼备。

大董空间是水墨意境与文人情感的载体，心境可以在卓然的古琴声中得以平静，情怀可以在平淡自然的空间中得以袒露。赏一赏景，品一品菜，人生得与失，笑看风云淡。

平实而新奇的空间布置，幽深玄远的意境，带有节奏、动感的光影变化。虽无水墨，但也赋予其山水画般的宁静悠远。空间、景观已不是生活的再现，亦不是古人诗意的简单解读，境由心造，意随情出。

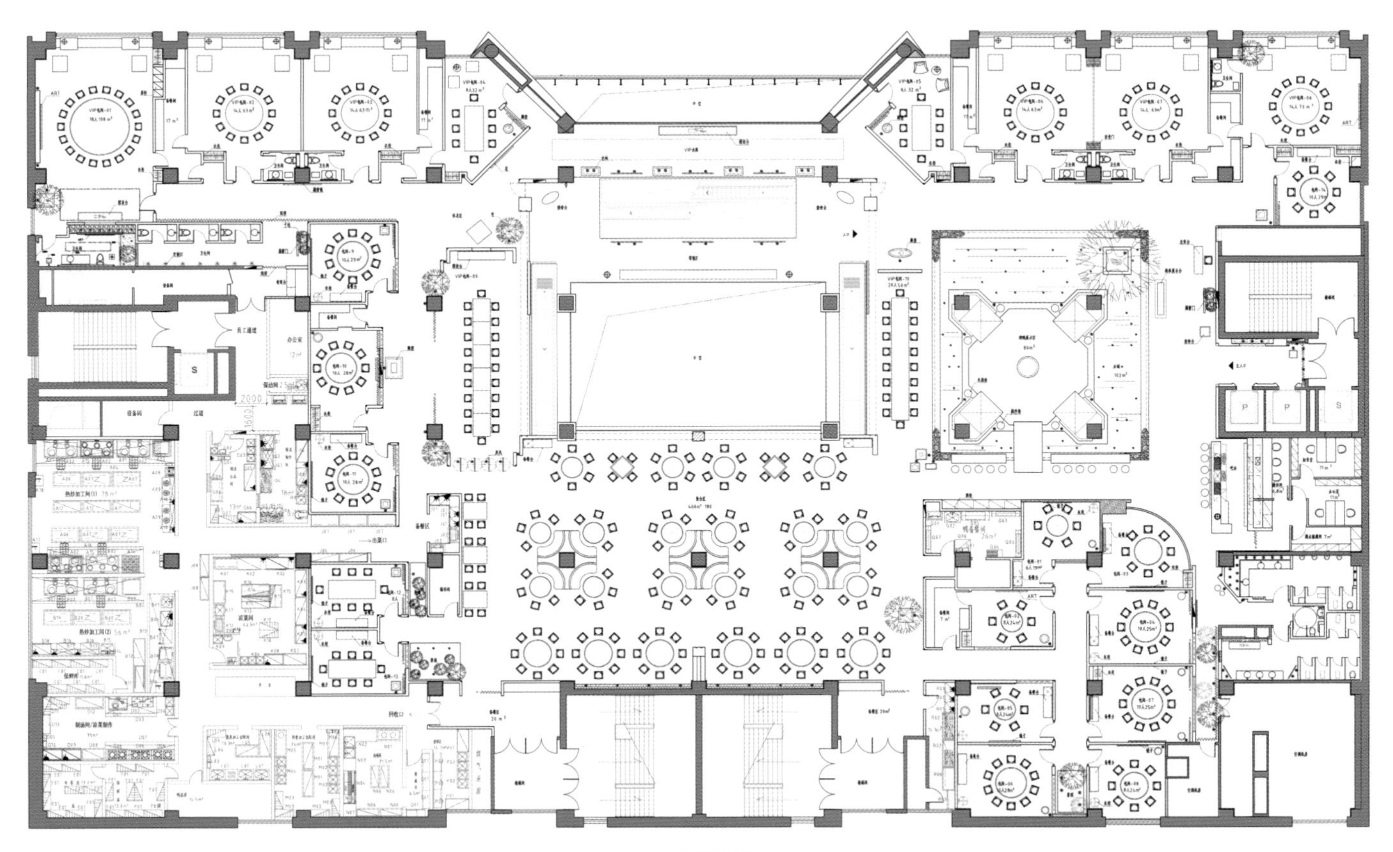

平面图

印象望江南餐厅万达店

设计机构：道和设计机构
设 计 师：高 雄
设计团队：吴运棕
项目地址：福建福州
项目面积：550 平方米
摄　　影：周跃东

印象望江南餐厅位于福州仓山万达广场内，该店的使用面积为 520 平方米，餐位数为 170 位。

本案是道和设计在“望江南”系列餐厅设计中进行的一次不同的尝试——带有新东方情节、江南韵味与现代抽象视觉感受的结合，黑白相间的线条设计呈现时尚、简洁的气质。

平面图

望江南
Wang Jiangnan
Refinement & Intuition

印象客家

设计机构：福州大木和石设计联合会馆
设 计 师：陈 杰
项目地址：福建福州
摄　　影：周跃东

印象客家位于 A-ONE 运动公园内，隐于深处的位置给这个餐饮空间增加了几分低调与内敛。“追根溯源，四海为家”的文化理念也在潜移默化中得到些许诠释。印象客家的门面上方用斑驳的铁皮做装饰，粗犷的纹理显得厚实而有力量感。下方的圆窗位置，摆放着石磨与擂茶饼，墙面上的地图指出客家族群在国内的分布情况，这些与客家文化一脉相承的物件在这古朴的空间中悠悠不尽。

印象客家虽是一个质朴的空间，但这种质朴并非奢华的对立面，而是一种平凡的表象，骨子里却充满了丰富的情愫。当阳光穿过树木，暖暖地映在包厢中，不用过多地修饰，这景象如同一张讲述闲适情怀的电影海报。

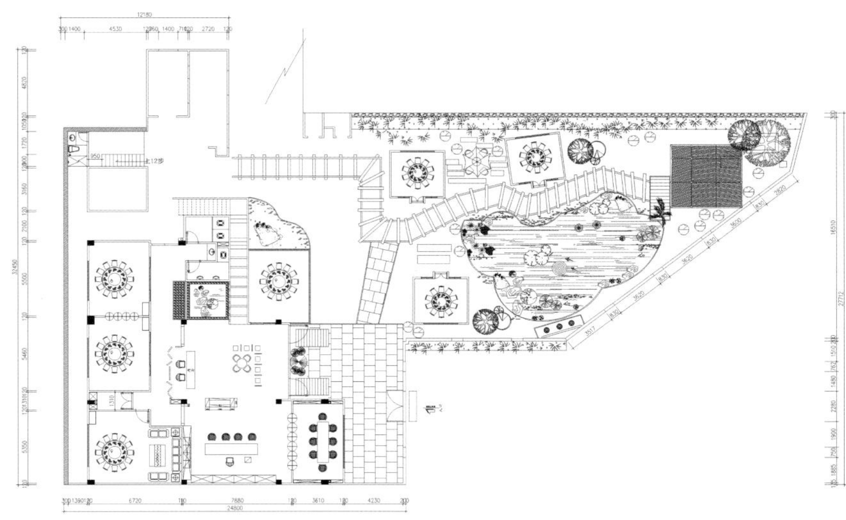

平面图

CORASSINI 餐厅

设计机构：YOD 设计工作室
项目地址：乌克兰伊凡诺
摄　　影：Igor Karpenko

CORASSINI 餐厅因其富有未来感的室内设计而被人们称为“未来餐厅”。项目位于伊凡诺的市中心，Bastion 画廊里。画廊收藏着当地军事防御的历史资料，为当地的人们所熟知。1662 年，来自法国的天才军事工程师 Francois Korassini 接到城市防御长 Stanislaw Potocki 的命令，建造了曾经在东欧最为强大的防御堡垒——著名的 Stanislaw Potocki 堡垒，也就是伊凡诺的旧名。

餐厅室内的设计灵感来自防御建筑的精神，设计融入温暖的灯光、毛毡家具、壁炉、装饰绿植，让整个空间看起来舒适而充满魅力。

餐厅的家具，除了椅子和酒吧凳，其余均来自于乌克兰手工制造商的个人定制服务。

加利西亚和欧式烹饪的菜式是这家餐厅最受欢迎的，搭配餐厅的风格，让整个空间成为传统和现代美食文化融合的象征。

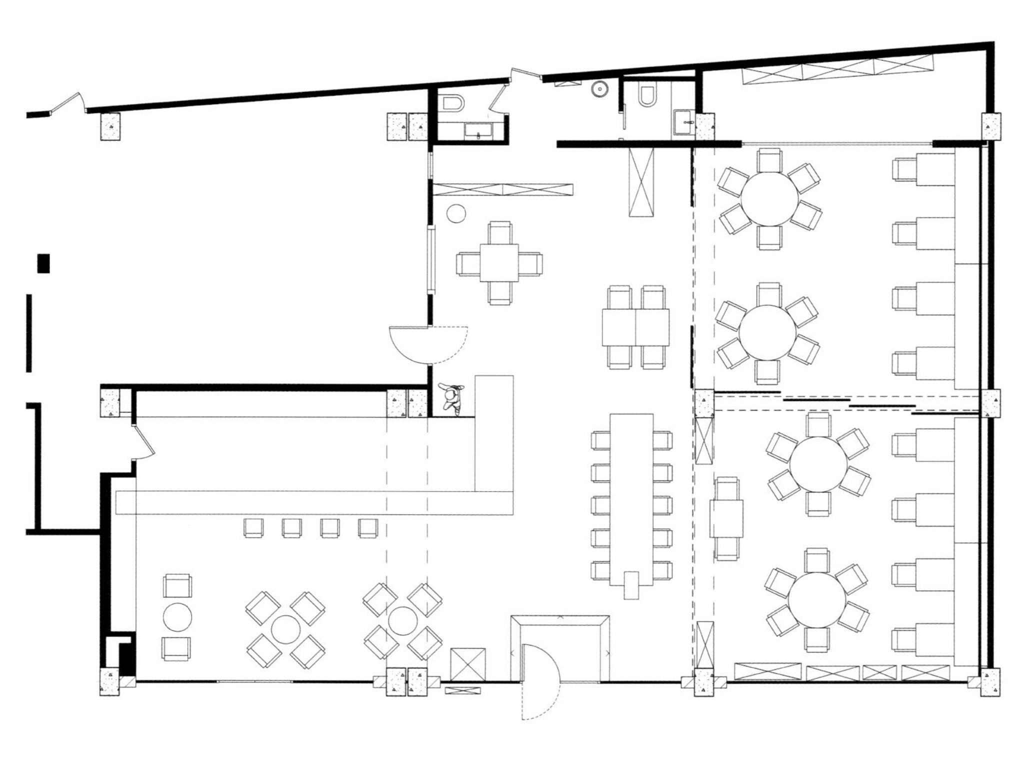

平面图

STANISLAWOW FORTRESS
WAS BUILT BY THE TALENTED MILITARY ENGINEER
FRANCOIS CORASSINI IN 1662
ACCORDING TO THE ORDER OF TOWN FOUNDER ANDRZEJ POTOCKI
Francua
CORASSINI
grill & wine

敖德萨餐厅

设计机构：YOD 设计工作室
项目地址：乌克兰基辅
摄　　影：Andrey Avdeenko

大厅由岛屿形状的包间组成，约 30 米长的绳索装点了这个空间。夜幕降临，地板的灯光映照在这些绳索之上，创造出与白天截然不同的、热闹而温馨的用餐氛围。这些灯光从餐厅外面就能看到，也吸引了不少顾客的前来。

吧台后面有很多不规则摆放的装饰性箱子，两扇铜门引导顾客来到厨房的开放空间前，在这里，顾客可以看到厨房最真实的场景和许多烹饪所使用的盘子。

敖德萨餐厅的新形象就是由这些多姿多彩的装饰元素组成的，新的敖德萨餐厅拉近了人们与这座多彩的海滨城市的距离。

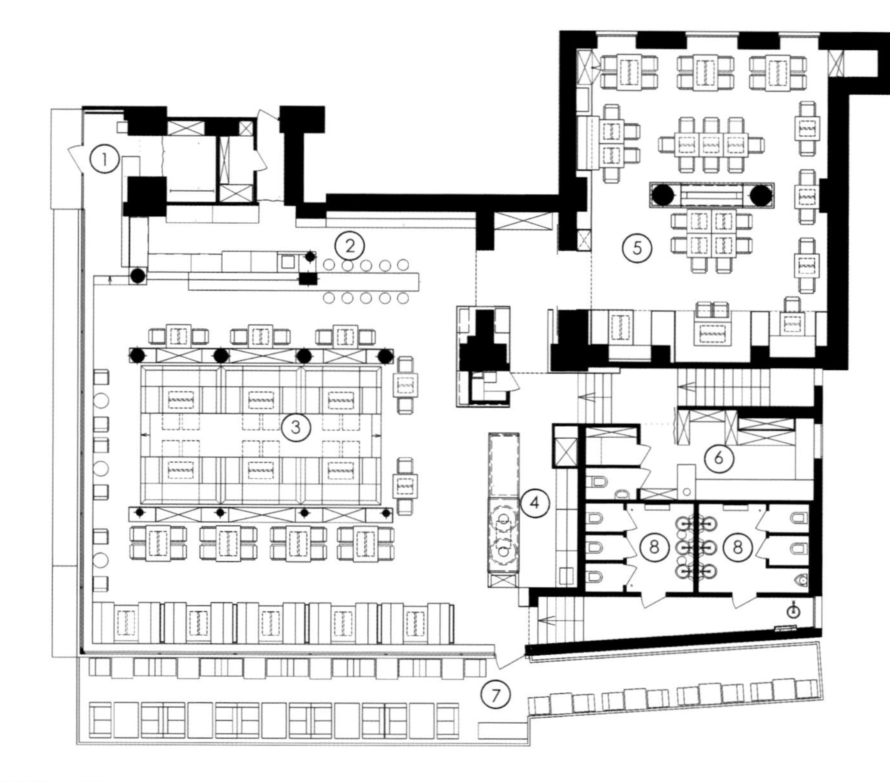

1. Main entrance
2. Bar
3. Main holl
4. Open kitchen (tandur zone)
5. Holl
6. Kitchen
7. Terrace
8. WC

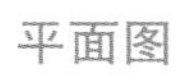

平面图

山口艺术和媒体中心档案展会

设计机构：Jo Nagasaka ／ Schemata Architects
图形设计：Takahiro Furuya
项目地址：日本山口
摄　　影：YCAM

山口艺术和媒体中心是山口市的多功能标志建筑，在山口市举行的歌舞、电影、声乐、演讲等众多领域的活动都在这里举行。这里齐全的设备和专业的工作人员让山口艺术和媒体中心在同行中成为佼佼者。设计师被邀请设计这个媒体中心十周年档案展览的会场，以便让更多的人能够了解山口艺术和媒体中心的辉煌成就和在当今艺术文化界的独特地位。

会场最富有代表性的元素是那些以日本漫画造型为原型的、爆裂状态的气球，实际上这是可提供观看影视档案的迷你剧院。从外观上看，这些独特的物体代表着山口艺术和媒体中心的诞生在世界范围内具有重大意义。它们分布在门厅和大堂走道间，就像日式榻榻米一样，让参观者可以坐进去观看影视资料。

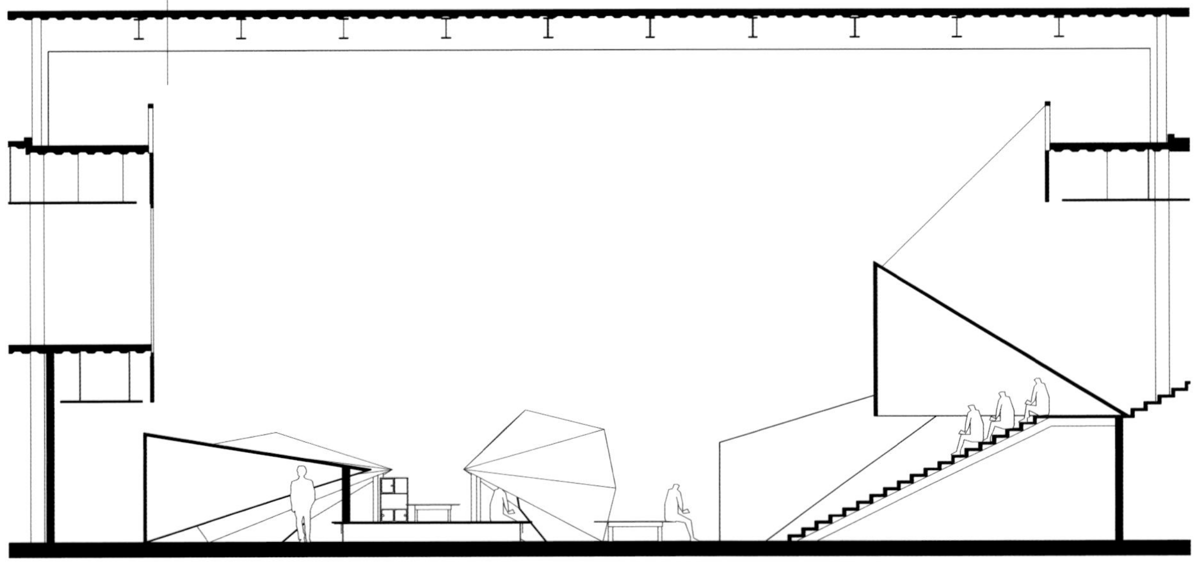

SECTION 1/200

剖面图

WEIN&WAHRHEIT葡萄酒窖

设计机构：Ippolito Fleitz Group
项目地址：德国祖尔茨巴赫
项目面积：85 平方米
摄　　影：Zooey Braun

历史悠久的葡萄酒窖 Hochst 在新落成的美茵陶努斯中心（MTZ）二期开设了它的第二家门店——WEIN & WAHRHEIT 葡萄酒窖。如同一间图书馆般，店内墙壁从上到下都陈列着葡萄酒。天花板边缘的镜面更将这一效果拉向空中。门店中央的天花板上漂浮般地悬挂着众多的玻璃体，构成了空间中颇具冲击力的核心视觉效果。

店铺的外立面被规划进设计内容中，以优化项目的可利用面积。店铺的门是朝外开的，这样就不会占用店内的空间。漏斗形的入口设计吸引着过路的人们进店选购。店铺的门窗都被漆成了黑色，空间中存在的两根立柱中的一根，已经被黑色的盒子包裹起来，并整合进入口区域的设计中去，上面用白色凸显出葡萄酒零售店的名称和标志，给人们独特的视觉享受。

WEISSRAUM牙科诊所

设计机构： Ippolito Fleitz Group，Skalecki Marketing & Kommunikation
项目地址： 德国慕尼黑
项目面积： 208 平方米
摄　　影： Zooey Braun

Matthias Fiebiger 博士在慕尼黑的街区开了这样一家牙科诊所，诊所处于一栋历史悠久的建筑中，因而其外立面拥有很高的可识别度。Ippolito Fleitz Group 和 Skalecki Marketing & Kommunikation 受邀来为这个牙科诊所命名，并参与其室内设计和视觉识别等工作。此次设计的目的是让这家牙科诊所能够在美学牙科界和牙科手术界中脱颖而出，成为众多目标受众选择的对象。

这家新开的 WEISSRAUM 牙科诊所的吸引力不仅局限于牙疾病人的受众群体，对受众群以外的人们来说，也是一流牙科诊所服务的、将人造美与天然美结合在一起的象征。纯白的色彩主调强调了病人与牙医之间相互信任的医患关系，也象征着健康的牙齿。这个目的既是顾客的需求，也是牙科医疗的保证，健康的牙齿让每位顾客都能拥有自信的笑容。

weissraum
ästhetische zahnheilkunde
und oralchirurgie

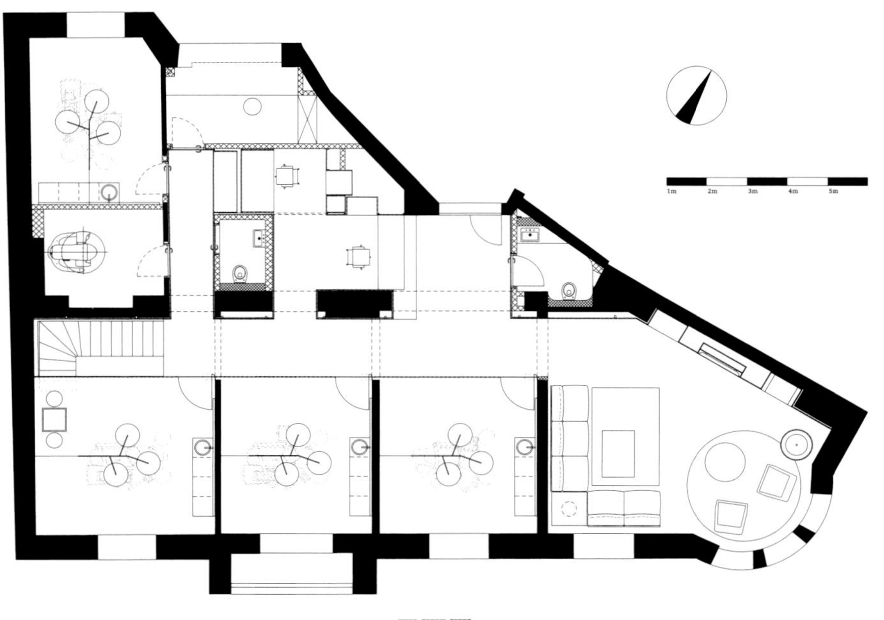
1m
2m
3m
4m
5m

平面图

世界视野太阳眼镜专卖店

设计机构：Kissmiklos & Gorog Ferenc Gábor
项目地址：匈牙利布达佩斯
摄　　影：Gabor Csongor Szigeti

这个品牌的设计理念主要基于“世界就是我的”，创造出矿业专用的太阳眼镜品牌。设计中运用了幽默的对比手法。戴上太阳眼镜，人们可以保护眼睛免受阳光和工业环境下矿尘的侵害。太阳眼镜被摆放在洞穴中，这些洞穴是由糊墙过程中所运用的材料构成的，桌子是由一个旧式矿车改造而成的，陈列柜和工业汽车头灯的摆设也强化了这种矿下环境氛围的营造。项目中的椅子也经过专门定制，其外形灵感来源于钢结构的造型。商店的橱窗展示了一张巨大的人脸相片和品牌的标识。

OAKLEY
SPY

维珍航空俱乐部

设计机构：Slade 建筑事务所
照明设计：Focus Lighting
客　　户：维珍航空
项目地址：美国纽瓦克
项目面积：500 平方米
摄　　影：Anton Stark

酒吧周围是一系列不同设定的空间。每一个空间引用了一个标志性的都市公共空间，有咖啡厅、剧院、艺术画廊、餐厅、俱乐部、酒吧、休息室。在咖啡馆里喝一杯咖啡，读一本书或杂志；踱进帷幕林立的放映室里欣赏最新电影；蜷缩在一个软垫中休憩，然后继续向前走进位于休息室的画廊般的小酒馆。你可以在色彩斑斓的玻璃休息室里坐下来品味美味的餐点，上网浏览、发送电子邮件或听音乐。

ELECTRICAL CLOSET
ADA BATH B
ADA BATH A
JANITOR
WC B
IT CLOSET
STORAGE
STAFF
WC A
LOCKERS
ENTRANCE
LUGGAGE
VIDEO ART AND SHELVES FOR LARGE BOOKS
WALL DISPLAY
RECEPTION
ENTERTAINMENT AREA
CAFE
OFFICE
ADA
COFFEE
MICROS
BAR
BEER
WINE
ORIGAMI LOUNGE
KITCHEN
PASSION PIT
DINING
KITCHEN STOR
LIQUID LOUNGE
STOR

平面图

PRIME 私人健身会所

设计机构：Dariel Studio
设 计 师：Thomas Dariel
项目地址：上海
项目面积：170 平方米

PRIME 是一家私人健身会所，坐落于上海旧法租界的中心地段，经营宗旨是在一个优雅而舒适的环境中，通过整合其独特的健身方法和最好的营养产品，为客户提供一对一定制的健身服务并给予 VIP 会员保持身材的完美配方。

位于交通便捷而又幽静的汾阳路的 PRIME 健身会所无疑又将成为这一时髦地区必不可少的生活去处之一。

Dariel Studio 为 PRIME 所创造的设计概念起到了支持并加强这个独特的健身中心的核心价值的作用。PRIME 与其他众多的健身房不同，它极力促使客户摆脱运动器材的束缚，通过一对一定制的锻炼计划，实现自我激励，以最基本的原始运动模式回归到健康的体态。因此在项目设计中也遵循了这一简单的原则，在一个优雅舒适的五星级健身环境中，专注于身体所带来的自然的感觉。

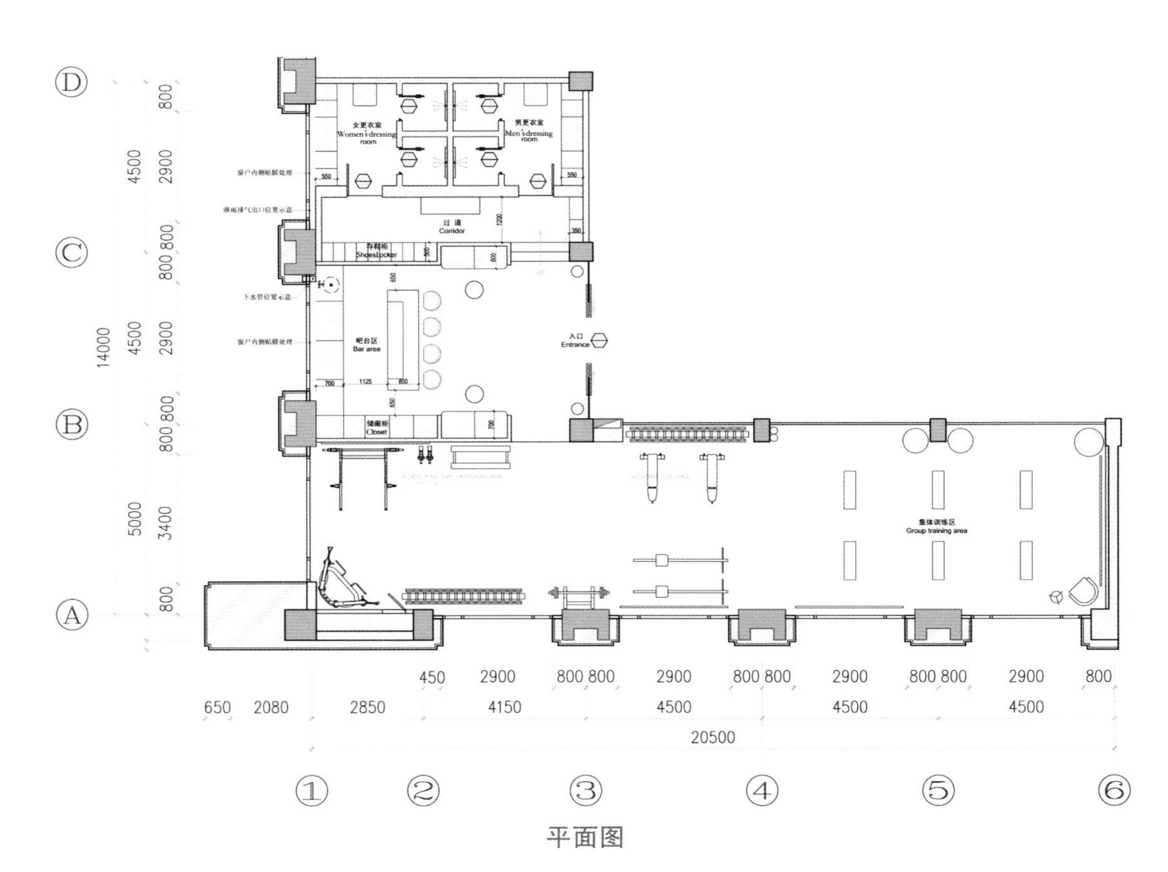
女更衣室
Women's dressing room
男更衣室
Men's dressing room
550
550
窗户内侧贴膜处理
淋雨排气出口位置示意
过道
Corridor
1200
350
存鞋柜
ShoesLocker
500
600
650
下水管位置示意
窗户内侧贴膜处理
吧台区
Bar area
入口
Entrance
700
1125
800
650
储藏柜
Closet
700
集体训练区
Group training area
D
C
B
A
800
2900
4500
800 800
2900
4500
14000
800 800
3400
5000
800
450
2900
800 800
2900
800 800
2900
800 800
2900
800
650
2080
2850
4150
4500
4500
4500
20500
①
②
③
④
⑤
⑥
平面图

NOBU酒店餐厅酒吧

设计机构：罗克韦尔集团
客　　户：NOBU 酒店与凯撒宫
项目地址：美国拉斯维加斯
项目面积：餐厅 1 187 平方米（342 个座位）

NOBU 酒店位于拉斯维加斯凯撒宫的 Centurion 塔内，该塔建于 1970 年，经过数百万美元的翻新工程后成为 NOBU 酒店。罗克韦尔集团有着近 20 年的设计经验，致力于将 NOBU 打造成遍布世界各地、独具风格的特色酒店，使酒店与当地的文化背景完美地结合在一起。针对 NOBU 酒店这个项目，罗克韦尔集团将当地的文化元素融入其招牌风格。

项目整体设计甚是贴合日本本土文化元素。大堂内部以木板为主要装修材料，将不同形状、大小、颜色的冷杉、铁杉和橡木随机组合，构造出大堂的整体空间风格。位于凯撒宫的 NOBU 餐厅是世界上最大的 NOBU 餐厅，其设计灵感源于日本的枯山水式设计——简约、纯粹、意味深远。餐厅以上的 10 个楼层为客房，罗克韦尔集团从选材上尽量给人以美的享受，并突出其舒适、现代化的内部设计。客房走廊地毯米色调的设计灵感源自日本禅宗园林景观设计。

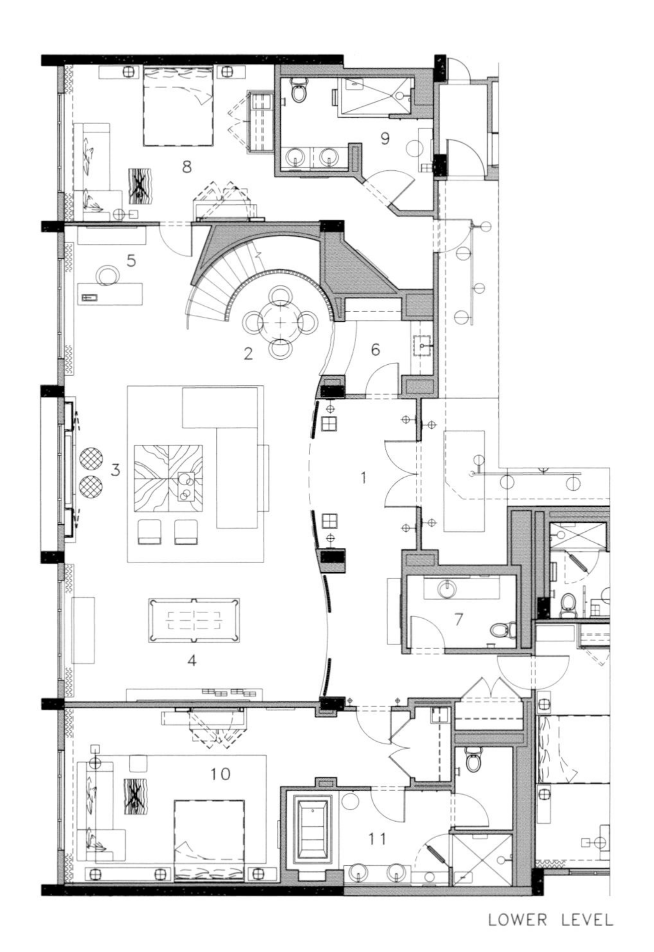

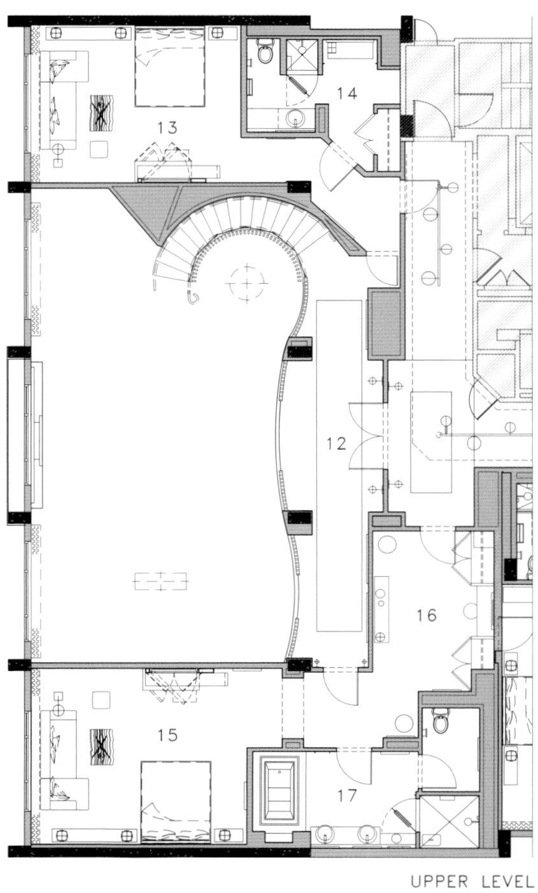

NOBU HOTEL CAESARS PALACE
TWO LEVEL SUITE FLOOR PLANS

1. ENTRY FOYER
2. DINING ROOM
3. LIVING ROOM
4. ENTERTAINMENT ROOM
5. STUDY
6. KITCHEN
7. POWDER ROOM
8. BEDROOM ONE
9. BATHROOM ONE
10. BEDROOM TWO
11. BATHROOM TWO
12. HALLWAY
13. BEDROOM THREE
14. BATHROOM THREE
15. MASTER BEDROOM
16. WALK-IN CLOSET
17. MASTER BATHROOM

NORTH

平面图

奥兰艾美酒店会议中心

设计机构：罗克韦尔集团
项目地址：阿尔及利亚奥兰
项目面积：98 450 平方米

罗克韦尔集团欧洲区（RGE）与喜达屋国际度假村酒店联合设计了奥兰艾美酒店会议中心。该酒店为 Sonatrach 公司所有，坐落于阿尔及利亚西北部的奥兰省，奥兰是该国第二大城市，也是地中海沿岸的工商业中心及教育中心。艾美酒店将为富有创意的客人提供一次独特的酒店探索之旅，同时将阿尔及利亚当代设计水平提高到一个新的平台。

艾美酒店的设计向奥兰悠久而充满活力的历史及文化致敬，在该设计中，设计师将明快的现代设计融入到传统艺术元素中去。

酒店刻意突出了舒适的大堂休息室。24 小时营业的世界级餐厅 Latest Recipe，宁静怡人的意大利餐厅 Favola，另外还有酒吧、游泳池和健身俱乐部，这些场所都能够令游客们欣赏到令人惊叹的、波光粼粼的地中海风光，令人赏心悦目。

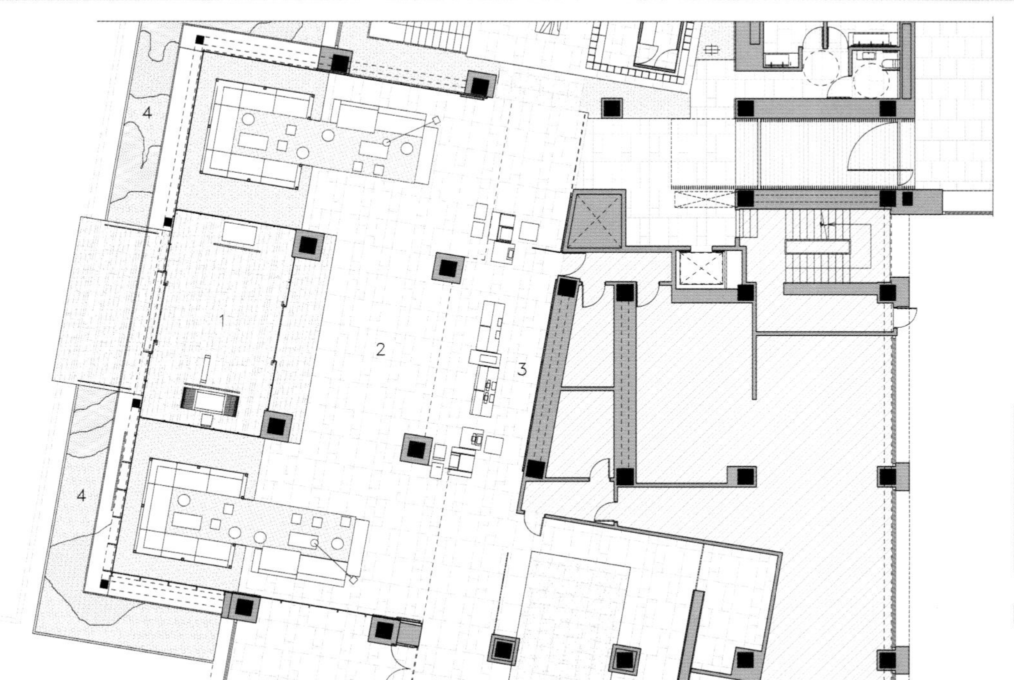

LE MERIDIEN ORAN
LOBBY FLOOR PLAN

1. MAIN ENTRY
2. LOBBY
3. CONCIERGE
4. WATER POND

平面图

茗仕汇茶会所

设计机构：福州大木和石设计
设 计 师：陈 杰
摄　　影：周跃东

白色的鹅卵石洒落在路边，交错平行的立面像把折扇慢慢推开，将空间的意蕴荡漾开去。而入眼尽是简而有味的明式隔断和家具，令古意弥漫在空间的每个角落。拱形的青瓦垒成的隔断形成独特的美感，光透过瓦片的间隔照射进来，明暗之间好像藏着另一个天地。配合着墙面的纹理，枯木上的一小盆植物蕴含了“枯木亦逢春”的哲思。简洁的线条，赋予空间纯粹的力度与美感，可谓是实用性与美学的完美结合。而那满墙的各式雕花，令人为之动心，想必是花了无数年月和心思收集而成的，怎能不令人为之折服？那一把古琴弹奏的又是哪一曲意味深长的古调呢？闲坐于此，喝一杯清茶，听一首古曲，可以忘了那流水般流走的时光，想必这也是设计师备感满足的事情。

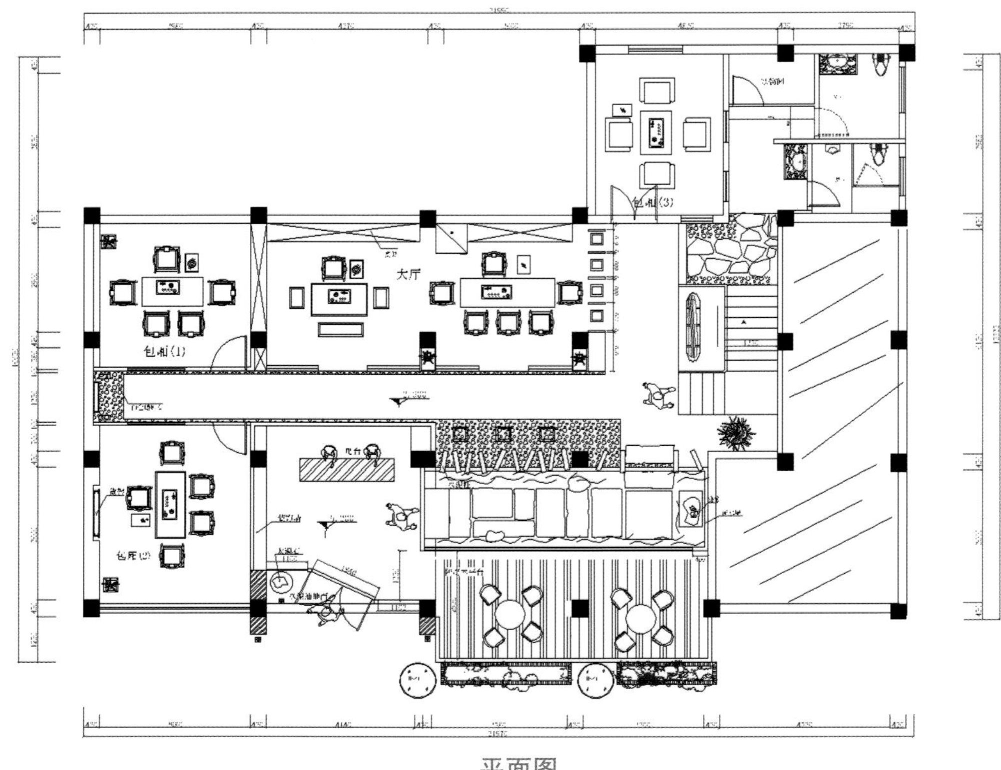

平面图

上海营销展示中心

设计机构：玄武设计
参与设计：黄书恒 欧阳毅 陈新强
项目地址：上海
项目面积：约 148.5 平方米
摄　　影：王基守

作为远雄建设进军大陆市场的试金石，玄武设计担当远雄上海营销展示中心的设计大任，自然马虎不得。为强化建设公司深耕科技建筑的企业形象，设计援引变形金钢的钢甲造型作为空间主要元素，融入先进科技的互动装置，软硬件搭配，实践科技美宅的构想。

玄武设计精心规划空间格局，体现了收放自如的视觉张力，跳脱商业化的单向情境，以理性的建筑价值，凸显与众不同的展销宗旨；细部装饰注重不同材质的个性表达，透过彩度、造型的细致考虑，以拼接、组合技巧将素材交融为一，展现超脱于日常生活的极致工艺。

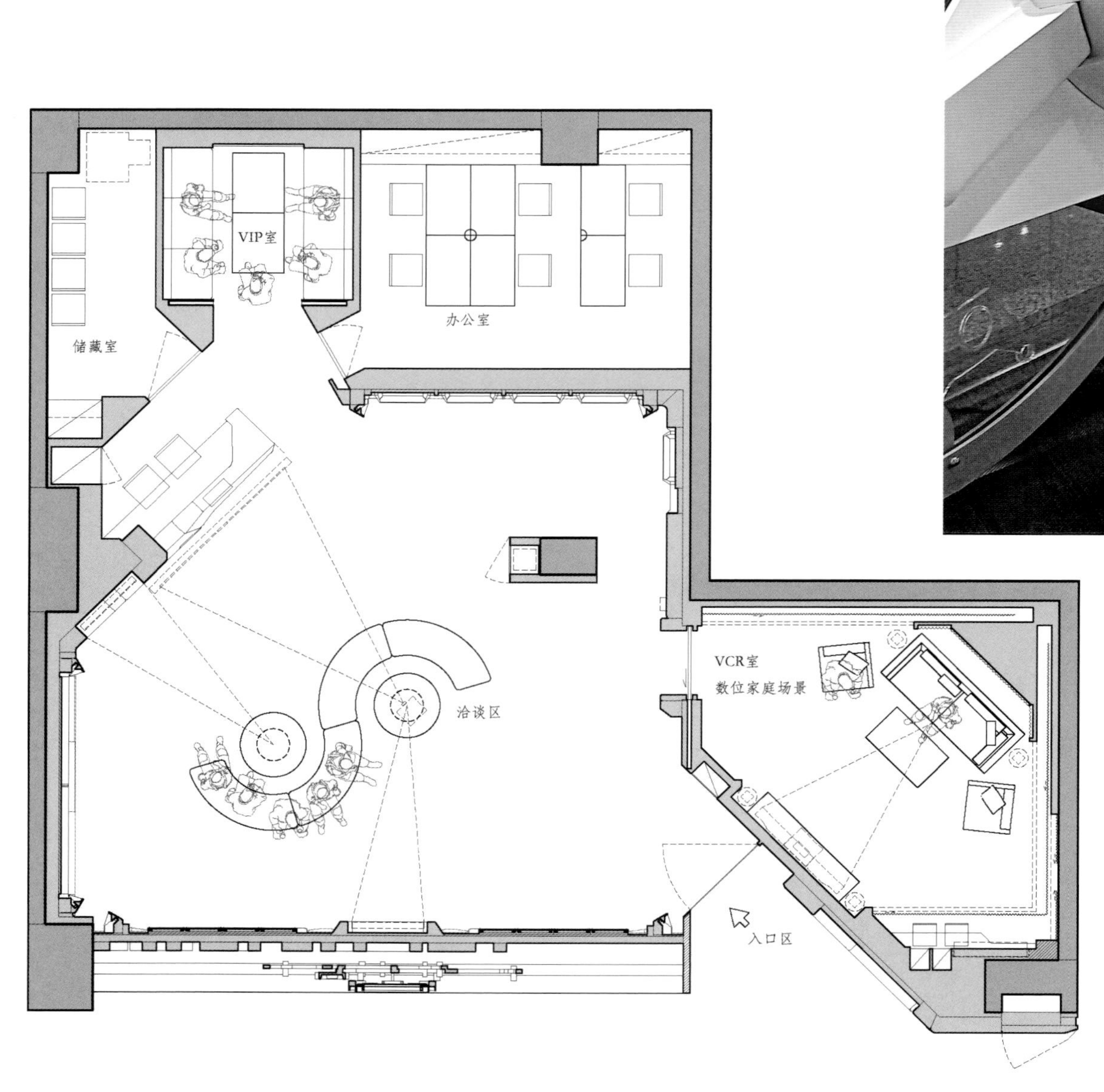

平面图

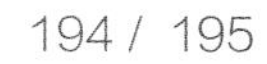

21世紀，全球4大挑戰
環保節能
環境共生
健康建材
人性通用
環境共生，綠能建築
遠雄「環境共生」建築

遠雄 Farglory

聚春园驿馆

设计机构：福建国广一叶建筑装饰设计工程有限公司
设 计 师：金舒扬 刘国铭 陈剑英 李 宏 王其飞 蔡加泉 张慧晶 余 峰
方案审定：叶 斌
项目地址：福建福州
项目面积：4 000 平方米

本案坐落在具有悠久文化底蕴的福州建筑群落——三坊七巷之中。在设计伊始，设计团队就秉承着“设计要立足在坊巷整体格局特点之上，提取再整合，取之再跃之”的设计理念。方案的设计思路贯穿“将设计融于自然，融于其独有的建筑味道之中”的主旨，使空间富有层次，韵味十足。

该项目之中还有明末清初的建筑身影，设计团队在设计时仍然抽取了 19 世纪末期中国建筑的特点，与一些现代元素形成对撞，其中一些空间采用了东情西韵的调子来进行诠释，让中式的大气沉稳和西式的柔美优雅共处一室，使整个空间散发出独特的韵味。总之在这里，可居、可观、可游、可赏；在这里，随心、随性、随情、随景。

lenovo

定一纯茶

设计机构：福州恒观顾问设计有限公司
设 计 师：吴 奇
业　　主：福建定一纯茶有限公司
项目地址：福建福州
项目面积：66 平方米
摄　　影：李玲玉

本案位于福州鼓楼区乌山荣域，设计师精心构思，致力打造“止于至善、至纯，而后坚定不移，一以贯之”的概念。本案为中式茶会所，材料以原色木纹及暖色硅藻泥为主。大厅格局分明，取其幽静隐秘之长，减少人流穿梭所带来的嘈杂，既保持独立又没有空间局促感，保持了茶店应有的安静闲适氛围。入口处的编织板引宾而至。品茶处对面的水池设计既美化了整体空间，同时不阻碍通风和采光。富有禅意的鸟笼灯饰的灯光，引导我们的视线向上、向下延展开来，紧紧包裹和依附在建筑表面，创造了通透的效果，使其成为视觉的焦点。设计者通过对材料的运用，在物质的层面将空间结构一览无余地呈现出来，直接用建筑自身的力量震撼观者的感官，启发观者在万象之中感悟生命的原本面目。

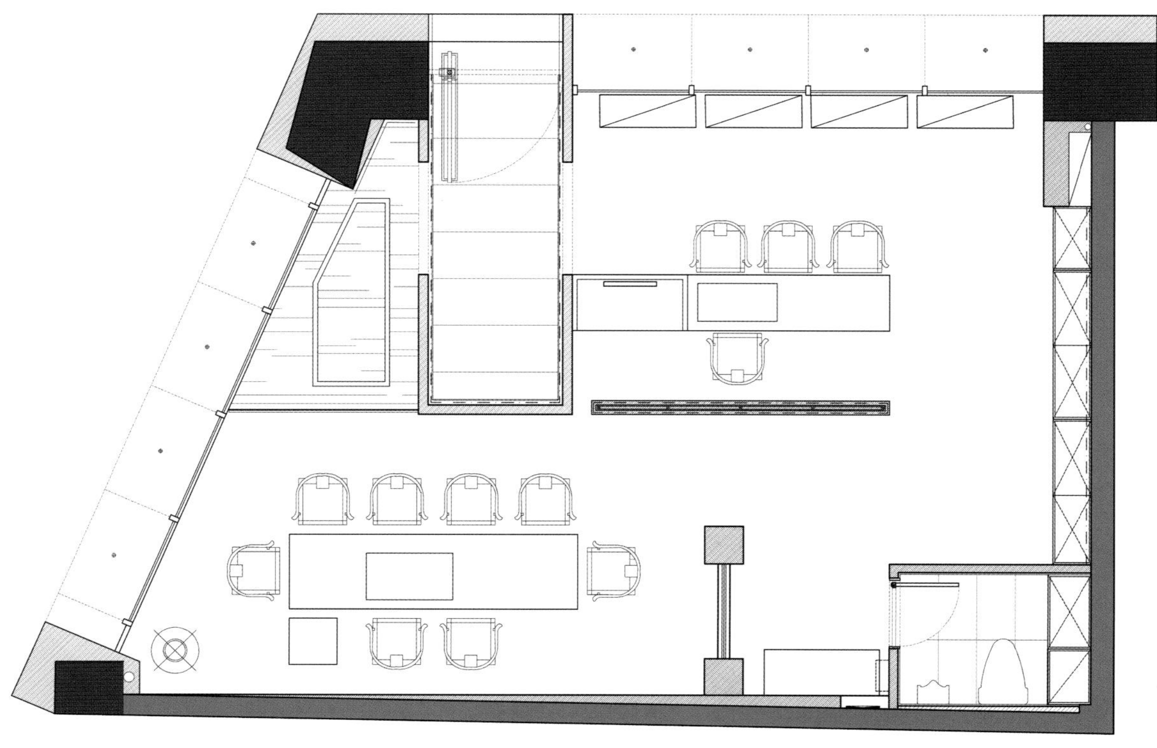

平面图

柏林 KU64 牙科诊所

设计机构：GRAFT 设计机构
设 计 师：Björn Rolle, Markus Müller

KU64 牙科诊所的诊疗室面朝柏林地平线，除了配备高科技器材以外，更有令人平静的环境氛围。而等候区作为分散那些害怕疼痛、拥挤的病人注意力的地方，需要更多别出心裁的设计。整个等候区面积大得超乎想象。躺椅空间旁边就是室外的阳光和甲板装饰品。沙丘式的地表、柔软的太阳椅和悬挂式火炉都让人仿佛置身阳光明媚的沙滩。休息室对面的前台扮演着吧台和咖啡店的角色，时刻燃烧的柴火和新煮咖啡的香味让人感觉很放松、很有安全感。 前台还额外为儿童提供有趣的录影带、游戏和无线网等服务。

盥洗室的设计则提供了不一样的体验。清晰的几何学设计，间接的照明和水饰要素处处体现了牙科保健室的纯净氛围。有着透明玻璃面盆的水池借反光照亮了天花板，水饰产生的“滴滴答答”的水滴声让人仿佛置身于干净的现代化洞穴中。

ORANGE影院

设 计 师： Robert Majkut
项目地址： 北京
项目面积： 1 054 平方米
摄　　影： Guo Fan, Elżbieta Madej

ORANGE 电影院的内部结构包含了钢琴酒吧区、私人贵宾厅、雪茄俱乐部和三个豪华的影视大厅，大堂则是一个聚集了最新艺术作品的影音俱乐部。

经验丰富的室内设计师 Robert Majkut 多年来倾力打造了这个电影院的内饰，同时将移动、旋转形式、运动、阳光、印象和梦幻感等元素融合在一起，并通过它们的颜色、纹理和光感融合成独特的艺术形式并呈现给观众。这个空间的创建主要取决于可变光的屏幕、从钢琴酒吧飘过来的琴音以及颜色营造的浓郁气氛。

标志的设计灵感来自手工绘制的中国符号，它是 ORANGE 影院内饰设计的整体基调。酒吧形状、地毯图案、门桌样式、镂空窗帘、杯子和墙面图案形状等都体现了符号形式的转变。

该设计以黑、橙、粉红为主色调，其中以黑色为主导。所有装饰元素，如沙发、桌子、酒吧用具和照明都由 Robert Majkut 亲自设计，也都契合这三种色调。

医疗美容会所

设 计 师：郑树芬
项目面积：约 7 800 平方米
项目地址：广东深圳

这家会所位于国际之都——深圳的 CBD 中心区，周围高档的购物环境以及顶级住宅造就了该会所高端客户的定位以及其国际化的经营模式。其面积约为 7 800 平方米，是集美容、餐饮、体检、SPA、办公会议于一体的综合性会所。此会所举办过《二次曝光》《王的盛宴》等知名电影的首映礼，更让人惊叹的是范冰冰、吴彦祖、刘烨、张震、秦岚等众多大牌明星对其设计环境和高端的品牌定位都赞不绝口。

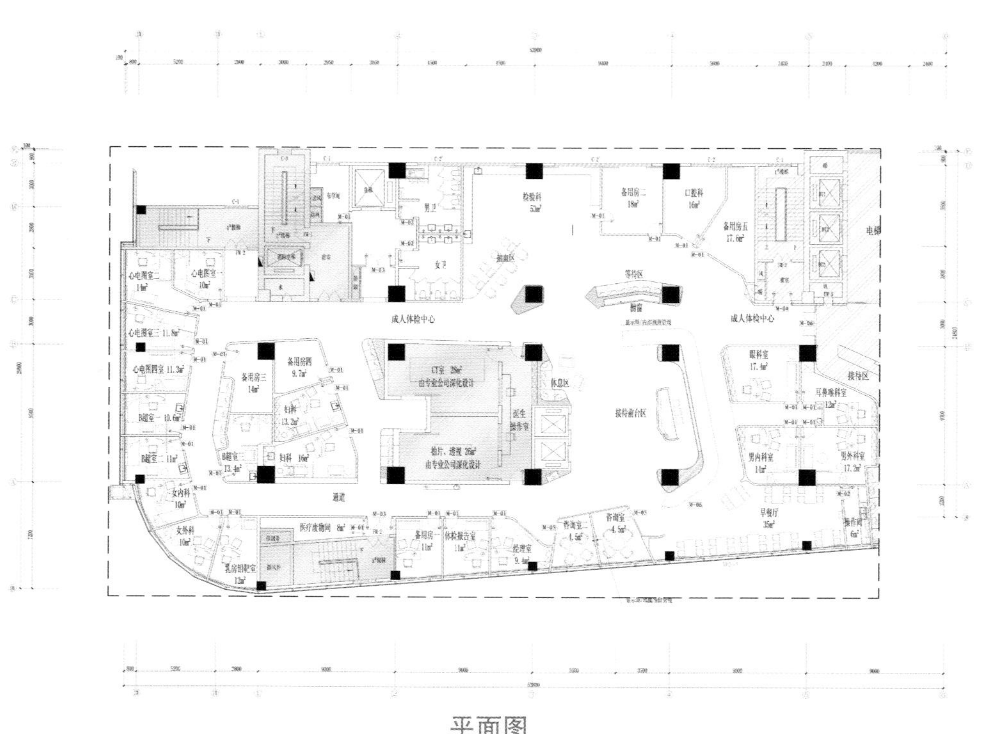

平面图

接待区
健康体检中心
Health Examination Center

“茶会”简——朴

设计机构：黑龙江省佳木斯市豪思环境艺术顾问设计公司
设 计 师：王严民
项目地址：黑龙江佳木斯
项目面积：645 平方米
摄　　影：王严民

“茶会”位于黑龙江省佳木斯市，身为本土人，设计师没有刻意去表达明清京韵或江南秀雅，而是力求将“茶会”打造出北方地域文化与秦汉气息相融合的人文氛围，厚重而不失灵巧，简约而朴实，给人以宁静致远的禅宗心境。

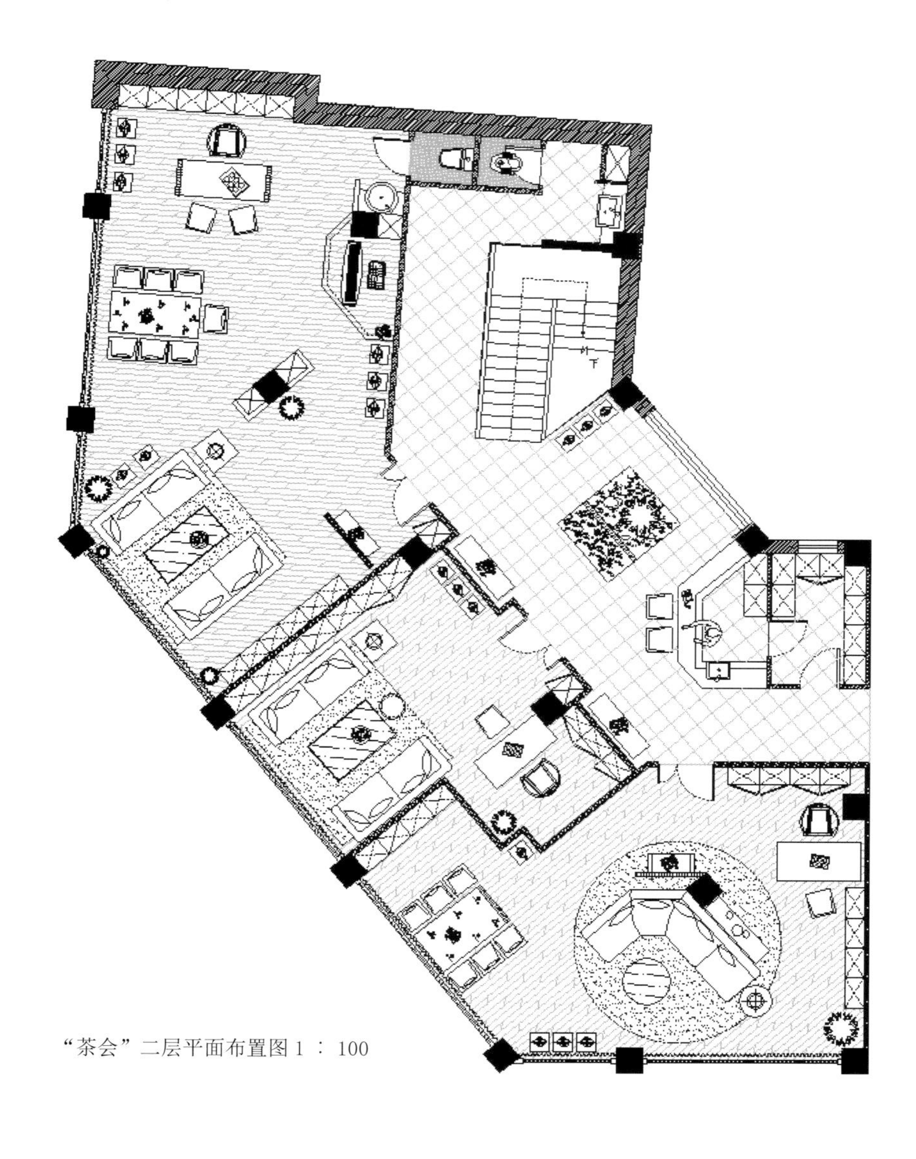

“茶会”二层平面布置图 1 ： 100

静茶——西湖店

设计机构：道和设计机构
设 计 师：高 雄
设计团队：陈永森 高宪铭
项目地址：福建福州
项目面积：405 平方米
摄　　影：周跃东

本案是静茶的第三家店，也是静茶的形象店，位于美丽的西湖湖畔。为了更好地表达出静美意境，设计者利用了建筑的结构，结合中国山水的意境，分割出两处水景，使空间时时流露出中国传统的诗意和美学意境。继续沿用大片的铁质花格，从门头一直延伸至店内前台的凹凸错落的石材背景墙，大大小小的“飞碟灯”从吊顶上高低错落地悬吊下来。在背景墙背后，是用隔扇门分开的包厢，古韵古香的鸟笼灯更多地强调抒发设计师的主观情趣，让观者臆想出一个真切的宁静致远美好之地，这才是最自然的一种形式美感的东西，也符合了静茶其“静”之意。设计者更结合这个蕴意，将之融进作品中，所谓“静茶静美，君子淡泊”，这正是设计师所理解的意境。

静茶
JING TEA

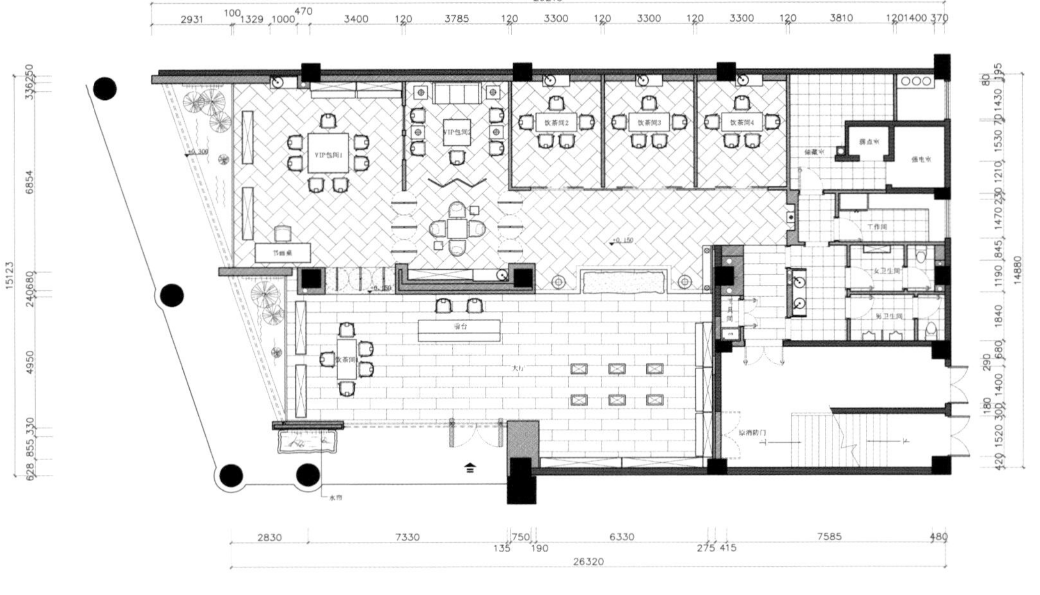
29215
2830
7330
750
6330
7585
480
135
190
275
415
26320

平面图

静茶——香格里拉店

设计机构：道和设计机构
设 计 师：高 雄
设计团队：陈永森 高宪铭
项目地址：福建福州
项目面积：140 平方米
摄 影：李玲玉

本案是静茶的第二家店，是按照标准店的经营模式运作的，故此次采用了许多标准化的模式。整个空间设计里，流动着静穆、深邃的气韵，散发着诗性的光芒，既具深厚的传统积淀，又有鲜明的时代特征，体现了设计师对深化山水意境的追求。东方文化在这里体现得尤为深刻，有中华武术的阳刚之美，也有高山流水的韵律之美，更充满了中国人热爱和平、追求和谐的大度之美。在作品中我们已经看到了“新东方主义”的形成。在这个时代，文化的本源与融合，成为矛盾却互相无法割舍的力量。美学概念浑然一体，无法强行拆分。但倘若我们一定要剖析“新东方主义”，大概应是“东方的审美传统”“西方的现代精神”“设计的艺术创造”三位一体，缺一不可。东、西方文化的碰撞与融合是“新东方主义”的核心思想。

静茶
JING TEA

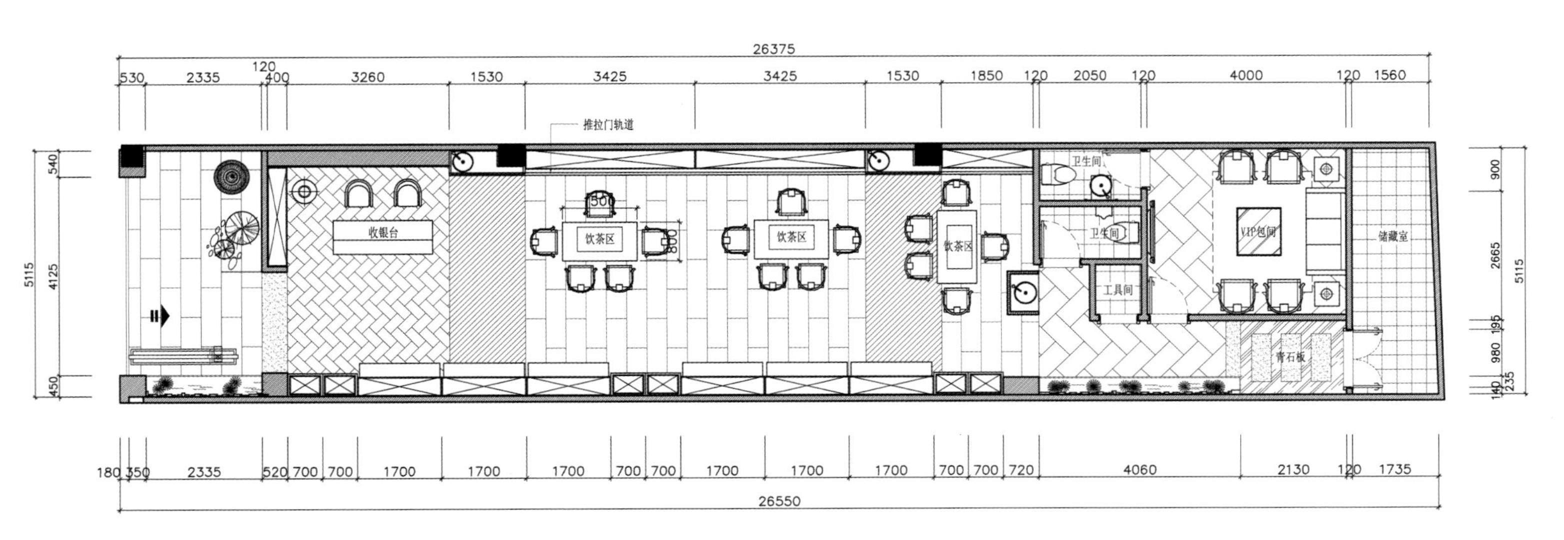
26375
530
2335
120
400
3260
1530
3425
3425
1530
1850
120
2050
120
4000
120
1560
推拉门轨道
收银台
饮茶区
饮茶区
饮茶区
卫生间
卫生间
工具间
豪华包间
储藏室
青石板
540
4125
450
5115
900
2665
195
980
235
140
5115
180
350
2335
520
700
700
1700
1700
1700
700
700
1700
1700
1700
700
700
720
4060
2130
120
1735
26550

平面图

秋山堂

设计机构：周易室内设计工作室
设 计 师：周 易
设计团队：周易室内设计工作室
项目地址：中国台湾台中
项目面积：145.12 平方米
摄　　影：和风摄影

夏夜里品茗，图一个夏季的畅快；放纵味觉的愉悦，在秋山堂里重新展开，除了将视线余光停留在片片的茶叶之上外，袭上来的温热茶香，也揪住心里的感动。

将属于原始的味道，无论是浓郁的、清新的茶香，都从茶叶罐里被逐一唤醒，使香气弥漫在整个空间内；业主期望打造出符合空间流畅度，足以糅合南国与北国风情的设计，使各方品茗的宾客都流连于此。

为了将中国人文与茶艺的精华呈现在空间内，入口开启的大门、半开放的展示橱窗、庭院、品茗的五感空间都蕴含着人文极简的充沛元素。

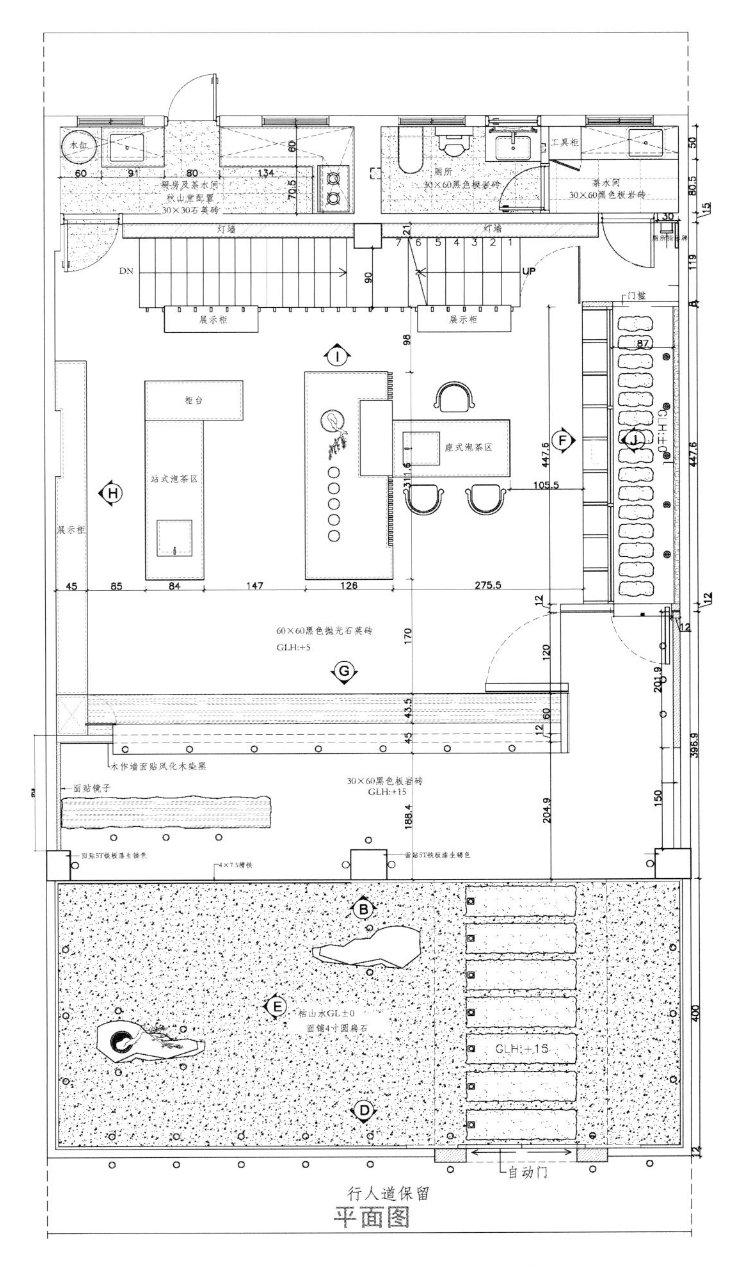

灯墙
DN
UP
展示柜
门槛
柜台
站式泡茶区
座式泡茶区
厕所
30×60黑色板岩砖
茶水间
30×60黑色板岩砖
工具柜
60×60黑色抛光石英砖
GLH:+5
木作墙面贴风化木染黑
面贴镜子
30×60黑色板岩砖
GLH:+15
GLH:+15
自动门
行人道保留

平面图

善缘坊茶会所

设计机构：福州维思空间张开旺设计事务所
设 计 师：林 文
项目地址：福建福州
项目面积：500 平方米
摄　　影：吴永常

设计师通过简洁的空间语言，着力于茶会所文化意境的塑造。简洁的线条给予空间纯粹的力度与美学，精致的结构、简洁硬朗的立面、富有活力的空间，将现代与传统融合起来。这些一齐融入东方美学的特征，并不显得矫揉造作。

叠拼青水砖在地面铺贴延伸，如水一般清爽而又洁净。在接待前区，设计师设计了宽敞的功能空间，墙面上大理石硬朗的质感与美丽的纹理，透露出空间尊贵的基调。展示柜上整齐陈列着精致的茶具、陶瓷以及名贵的寿山石工艺品，通过光源的照射轻易地吸引了人们的眼球。

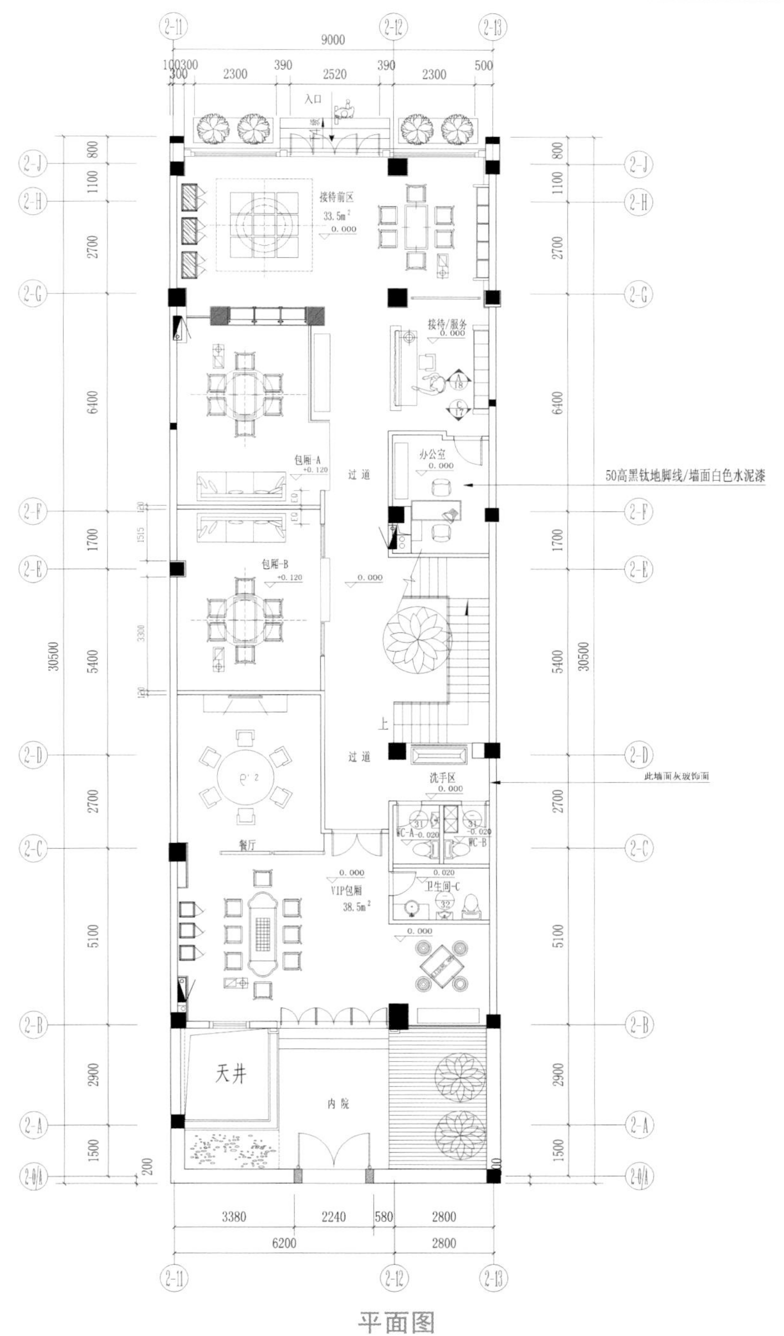

平面图

石艺汇

设计机构：道和设计机构
设 计 师：高 雄
项目面积：460 平方米

人们在这日趋繁忙的生活中，渴望得到能彻底放松、以简洁和纯净来调节转换精神的空间，这是人们在互补意识支配下，所产生的亟欲摆脱烦琐、复杂，追求简单和自然的心理。

本方案为大理石复合板展厅，从其产品的性能特点引入设计思维。为使产品的展示全面化并贴合生活，在这次的设计中，"简约"成了设计的中心词汇。应用了"面"的区分法，利用黑钛、槽钢、方管、木面烤漆等，将门头及大厅展示墙立体化，既抛开原始的墙面展示方式，也不采用古板的层架展示，从而更精致地表达产品本身，给人以干净、硬朗的感受；独具匠心的过桥入户水系景观设计，打造出"小桥流水人家"的倾心体验。此间应用下沉式的方形接待区，令空间富有层次感；更利用圆形天井引入自然采光，与下沉位置相互呼应，"无规矩不成方圆"亦是设计精髓所在。

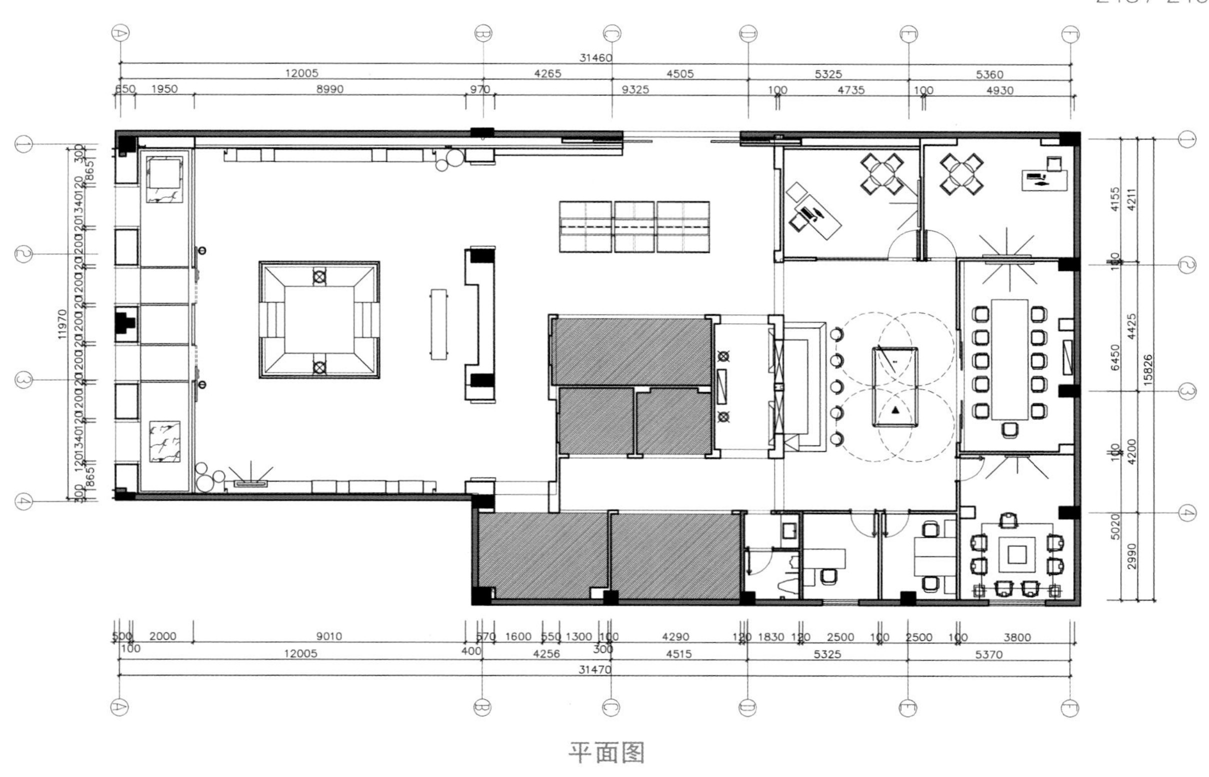

平面图

天瑞酒庄

设计机构：宽北设计装饰设计有限公司
设 计 师：施传峰 许 娜
项目地址：福建福州
项目面积：180 平方米
摄　　影：周跃东

嗅一杯法国红酒的浓香，赏一抹意大利红酒的色泽，品一口葡萄牙红酒的甘美，在浓浓诗情画意中品尝珍醇佳酿，浪漫尊贵随之弥漫。在天瑞酒庄里，每一个转角几乎都可以视为对葡萄酒文化的传承与演绎。它的空间情趣与节奏风格融合了多样的风情与文化，将隐藏于都市人心中关于精致生活的那些奢望落到了实处。

在这个纯粹的空间里，或品酒或交谈，一切仿佛陌生，又好像特别熟悉。眼前的一切是如此的鲜活和可爱，而我们能做的只是运用辞藻做愉快的记录，并还原真实的场景。我们欣喜的是，面对这样的一个空间时，除了留下图文的记忆，内心竟是满足的。

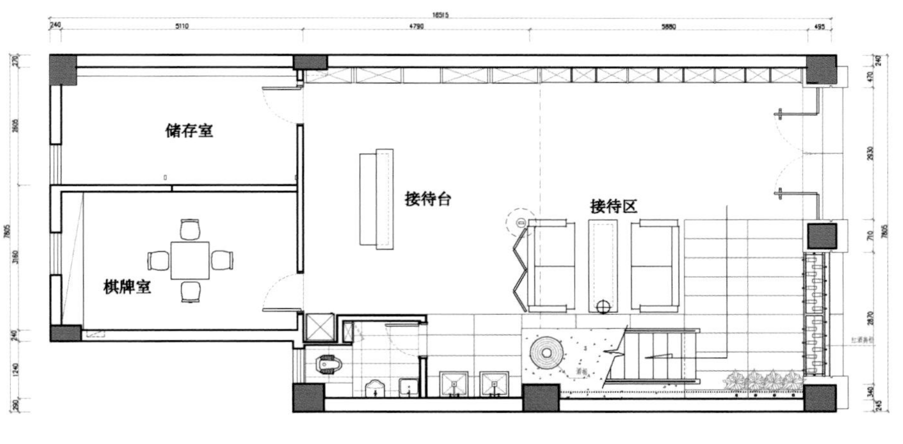

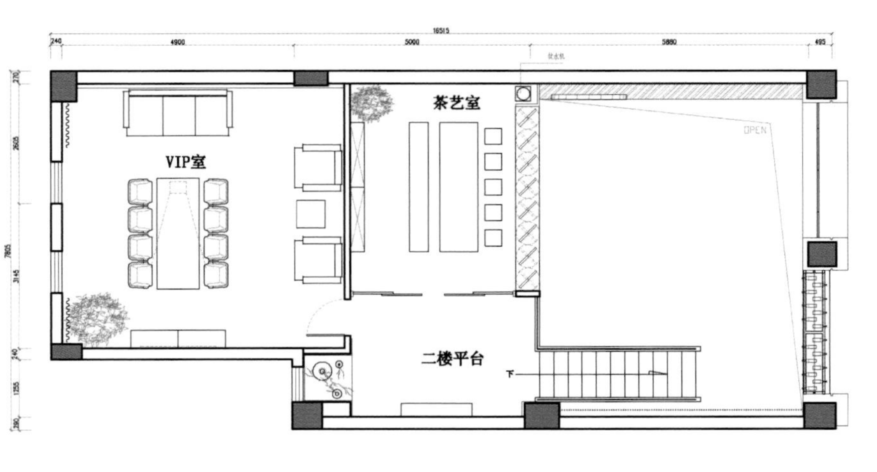

平面图

意兰庭保健会所

设计机构：合肥许建国建筑室内装饰设计有限公司
设 计 师：许建国
参与设计：陈 涛 欧阳坤 程迎亚
项目地址：安徽合肥
项目面积：460 平方米
摄 影：吴 辉

设计师寻求的是一种心境，寄托的是一种情感，亦是大众所期望寻觅的心灵空间。闹市中此处才是你的栖息之所，为你打造舒适自然、安静放松的空间。设计师寻求的恰是蜻蜓点水之情，融入徽派元素整合出最合理的设计空间。少见的清新的中式瓦片的运用，就像是水墨画一样，而且，材料上的少量堆砌，让人耳目一新。特别是那幔帐的运用，柔化了整个空间的感觉。整个室内空间的设计幽雅、安静，富有诗意与情趣。

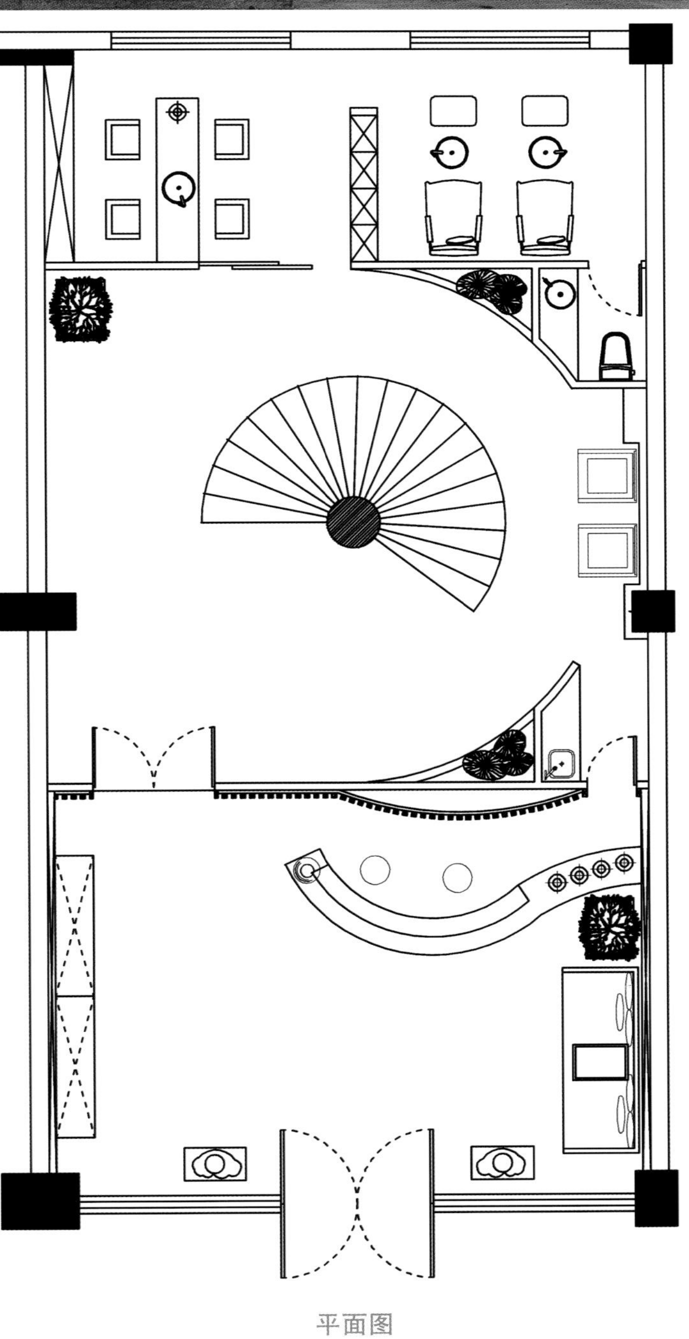

平面图

御膳皇庭中餐会所

设计机构：IEA 设计顾问
主设计师：王 治　范 辉
项目面积：2 400 平方米
主要材料：石材　地毯　墙纸　金箔　樱桃木　镜钢　皮料　玻璃

本案的设计思路是如何引导高端餐饮消费，创造隆重奢华的氛围和尊贵的享受。设计风格上采用了中西结合和混搭的手法，既要传达传统文化之美，又要符合现代的审美需求。

中式餐厅的设计不管运用什么手法和风格来表现，都应该包含传统的中式文化和哲学观点。本案的通道和过渡空间很多，设计师强调空间的严谨、对称，每一个转折空间都设置了对景，充分地运用了传统空间哲学中“一步一景”的技巧。

深色的木材、红色调的皮料和白色的天花板、石材的对比能够让色彩明快。大量地使用象征尊贵的黄色和代表喜庆好运的红色奠定了空间奢华的氛围。在红黄色的暖色调中适当地采取蓝、绿等冷色调，让空间显得更华丽。

御膳皇廷
RoyalChineseRestaurant
安全出口
EXIT

DONE CLUB

主设计师：陈 武
参与设计：吴家煌
项目地址：湖南长沙
项目面积：554 平方米

DONE CLUB 位于长沙市的中心区域，专为城中新贵和潮人打造。从繁华街道进入酒吧前厅，经过特殊处理的腐铜格栅 LOGO 墙，不复以往酒吧的庸俗之姿，奠定其雅致的艺术调性；以石材切割成特定造型拼接的地面与墙身成本昂贵，细节讲究，于无声处塑造空间品质；左面的玻璃墙与喷绘彩画带来妩媚华美之感。进入酒吧主厅，设计运用了大量灰镜、黑色钢镜等反光材质，搭配不同色调的灯光效果，营造出浪漫迷离的氛围；中庭里五边形的造型酒桌犹如一颗颗分裂的细胞，可以根据客流量及顾客的要求进行自由无缝式组合，此安排既满足了酒吧经营的商业需求，也自然地预留出顾客的社交网络空间。

通过式金属探测门
Walk Through Metal Detector

图书在版编目（C I P）数据

前台接待大堂：全2册 / 博远国际图书出版社有限公司编. — 天津：天津大学出版社，2014.1
ISBN 978-7-5618-4959-0

Ⅰ. ①前… Ⅱ. ①博… Ⅲ. ①饭店－室内装饰设计作品集－世界－现代 Ⅳ. ①TU247.4

中国版本图书馆 CIP 数据核字（2014）第 018552 号

出版发行　天津大学出版社
出 版 人　杨　欢
地　　址　天津市卫津路 92 号天津大学内（邮编：300072）
电　　话　发行部：022-27403647
网　　址　publish.tju.edu.cn
印　　刷　深圳市新视线印务有限公司
经　　销　全国各地新华书店
开　　本　235 mm × 320 mm
印　　张　31
字　　数　420 千
版　　次　2014 年 5 月 第 1 版
印　　次　2014 年 5 月 第 1 次
定　　价　498.00 元